토종 씨앗의 역습

한국 농업의 다양성을 위하여

토종 씨앗의 역습
ⓒ 김석기 2017

초판 1쇄 발행일 2017년 5월 29일

지은이 김석기

출판책임 박성규
편집진행 현미나
편　　집 유예림·남은재
디 자 인 조미경·김원중
마 케 팅 나다연·이광호
경영지원 김은주·박소희
제　　작 송세언
관　　리 구법모·엄철용

펴낸곳　도서출판 들녘
펴낸이　이정원
등록일자　1987년 12월 12일
등록번호　10-156
주　　소　경기도 파주시 회동길 198
전　　화　마케팅 031-955-7374　편집 031-955-7381
팩시밀리　031-955-7393
홈페이지　www.ddd21.co.kr

ISBN　979-11-5925-254-9(14520)
　　　　979-89-7527-160-1(세트)

값은 뒤표지에 있습니다. 잘못된 책은 구입하신 곳에서 바꿔드립니다.

「이 도서의 국립중앙도서관 출판예정도서목록(CIP)은 서지정보유통지원시스템 홈페이지(http://seoji.nl.go.kr)와 국가자료공동목록시스템(http://www.nl.go.kr/kolisnet)에서 이용하실 수 있습니다.(CIP제어번호: CIP2017011601)」

이 저서는 송인서적부도피해 업체 출판콘텐츠 창작자금 지원을 받아 제작되었습니다.

토종 씨앗의 역습

한국 농업의 다양성을 위하여

목차

• **들어가며** 농업생물다양성의 교두보, 토종 씨앗 _006

CHAPTER 1 ──────────────────────── 012

토종이란 도대체 무엇인가

씨앗들의 여행 _018
무엇을 토종이라 할까 _023

CHAPTER 2 ──────────────────────── 028

토종아, 어디 있니

자급을 위한 일이었던 농사 _030
조선의 논이 상품성 있는 쌀의 생산기지로 _034
다양성 상실의 위험 _039
산업화의 일등공신 통일벼 _044
농업과 농촌의 발전인가, 아니면 쇠퇴인가 _049
최초의 토종 씨앗 수집 _052
그래도 살아남은 토종 씨앗 _058
토종 씨앗 지킴이, 할머니들 _064
사고파는 씨앗 _069
한국 채소 씨앗 판매의 역사 _071
종자업계 원로의 유고를 읽다 _076
곡식 씨앗도 사고파는 시대가 오는가 _081
토종 지킴이들의 소멸 _089
육종 기술의 발전과 또 다른 신품종의 등장 _094
한국에서도 유전자변형 작물이 재배될까? _102

CHAPTER 3 — 토종, 뭣이 중헌디 _130_

- 토종 씨앗은 식량주권 실현의 근간 _134_
- 다양한 맛과 영양의 공급원 _148_
- 슈퍼푸드는 따로 없다 _155_
- 토종 씨앗으로 전통 음식 살리기 _162_
- 씨앗을 구매하지 않는 농사 _168_
- 전통농업에 어울리는 토종 씨앗 _181_
- 작물다양성이 문화의 다양성을 낳는다 _189_
- 대안 먹을거리 운동에 유용한 토종 씨앗 _199_
- 농업생물다양성의 첫걸음도 토종 씨앗에서 _208_
- 토종 씨앗이 만능은 아니다 _212_
- 기후변화 대응이나 신품종 육성도 토종 씨앗에서부터 _216_

CHAPTER 4 — 토종, 씨앗을 지키다 _220_

- 씨앗 지킴이를 위한 농부권 _225_
- 현지외보존이냐, 현지내보존이냐 _230_

● 마치며 토종 씨앗에서 시작하는 생태적인 사회를 꿈꾸며 _236_

들어가며 **농업생물다양성의 교두보, 토종 씨앗**

　　내가 처음 토종에 관심을 가지게 된 때는 2008년이다. 나는 2002년 무렵부터 귀농에 관심이 있어 농사 경험이라도 쌓자는 생각으로 텃밭농사를 시작했다. 당연히 농사는 유기농업뿐이라 생각했다. 그런 생각으로 농사를 짓다가 나의 눈은 자연스레 전통농업으로 향하게 되었다. 옛날에는 농약과 화학비료 같은 농자재 없이도 어떻게 농사를 지었을까 하는 점이 무척 궁금했고, 당시의 좋은 기술이 있으면 지금 되살릴 수도 있지 않을까 하는 생각에서였다. 그러다 우연한 기회에 흙살림에서 조직한 '전통농업위원회'의 위원으로 참여하게 되었고, 우리 위원들은 노농들의 경험을 살피고자 전국 곳곳을 다니며 그들을 취재하고 인터뷰했다. 그렇게 몇 년을 다니면서 살펴보니 옛날 농사법은 이제 거의 자취를 감추었다는 걸 알게 되었다. 심지어 노농들의 기억 속에서도 그러한 농법은 희미해진 것을 확인할 수 있었다. 거의 흔적도 없이 말만 남아 있었다. 물론 모두 사라진 것은 아니었다. 소로 쟁기질을 하는 단양의 할아버지는 여전히 예전의 방법을 활용해 두둑을 지어 농사를 짓고 있었고, 풀을 매는 방법이나 작물을 돌보는 방법 곳곳에 예전 농법들의 흔적이 남아 있긴 했다. 하지만 온전한 모습 그대로는 찾아보기 힘들었고, 너무 파편화되어 그걸 제대로 된 형태로 간추리는 것조차 힘들어 보였다. 그런데 딱 하나, 옛날 것이 남아 있었다. 바로 씨앗이었다.

'농부는 굶어 죽어도 씨앗을 베고 죽는다'는 속담이 있다. 지금 사람들에게는 스마트폰이 그렇겠지만 농부에겐 씨앗이 매우 중요하다는 뜻이 담겨 있다. 하지만 요즘 농부들은 그러한 씨앗조차 제 손으로 받지 않는 농사를 짓고 있다. 농약방에 가면 수확량이 좋다는 씨앗들이 무수하게 널려 있으니 굳이 애써 씨앗을 받을 필요가 없기 때문이다. 그런데 우리가 만난 노농들에게는 적어도 1~2가지의 토종 씨앗이 존재했다. 그렇게 취재와 조사를 마치면 남는 것은 녹취된 노농의 목소리와 봉다리에 담긴 씨앗이었다. 그걸 가지고 돌아와 농지에 심고 가꾸며 씨앗의 숫자를 늘렸다. 2008년 농촌진흥청이 의뢰한 '토종 유전자원 수집단' 활동은 본격적으로 토종 씨앗을 찾는 일의 초석이 되었다. 안완식 박사를 단장으로 박문웅, 한영미, 안철환 선생과 함께 두 달여 동안 강화도와 울릉도, 제주도 전역의 마을을 모두 돌아다니며 토종 씨앗을 수집했다. 당시 450여 점의 토종 씨앗을 수집할 수 있었고, 제주에서 수집한 토종 씨앗은 제주 여성농민회총연합에 인도하여, 현재 토종 씨앗 보전운동을 펼치는 데 밑거름이 되었다.

토종 씨앗에 대한 관심과 열의는 '토종씨드림'의 결성으로 이어졌다. 나도 그 일원으로 참여하면서 토종 씨앗에 대한 공부를 이어나갔다. 그러면서 토종은 무엇이고, 왜 중요한가에 대하여 나름대로 이해할 수 있게 되었다. 토종 씨앗이 중요한 이유를 하나 꼽으라면 나는 '농업생물다양성의 교두보'라고 이야기하겠다. 토종과 관련해 저지르는 실수 가운데 하나가 마치 토종 씨앗만 있으면 모든 것이 해결된다는 식의 오해다. 토종만 있으면 농약과 비료가 없어도 유기농업이 가능하고, 토종 씨앗이 신품종보다 훨씬 우수하고 뛰어나며, 토종을 먹으면 없는 병도 고칠 수 있다는 식의 접근은 위험하다. 그것은 일종의 종교와도 같은 모습이다. '토종교'는 위태롭다. 믿음의 영역으로 빠지지 않기 위해서는 토종에 대해서 알아야 한다. 왜 우리의 농업에서 토종이 사라지게 되었고, 토종에는 어떤 특성이 있으며, 이러한 토종을 왜, 어떻게 보전해가야 하는지에 대해 고민해야 한다. 고민 없는 맹목적인 믿음은 그것이 어떠한 형태이든 위험하다. 거기에 빠지면 자신만 옳고 다른 건 그르다는 태도를 취하기 쉽다. 그러한 태도는 나와 다른 믿음을 가진 상대를 배척하고 없애려 한다. 지금까지 그러한 태도로 인해 수많은 토종이 사라지지 않았는가. 우리는 또 다른 희생양을 찾는 일을 멈추고 서로 공존할 수 있는 방안을 모색해야 한다. 토종 씨앗이 지닌 함의도 '다양성의 공존'에 있다.

농사는 여러 요소들이 복합적으로 상호작용하면서 이루어진다. 요즘 식물공장이니 수경재배시설이니 하는 기술들이 개발되면서 마치 사람이 모든 것을 인위적으로 통제해서 생산할 수 있다는 착각에 빠지곤 한다. 물론 그렇게 하여 작물을 재배하면 그 기술을 옹호하는 사람들의 주장처럼 외부의 오염원으로부터 안전하고, 여러 요소들을 통제하여 안정적으로 농산물을 수확할 수 있겠다. 그러나 거기에는 '관계들의 상호작용'이 빠져 있다. 그저 양분만 주입하고, 햇볕이나 그것을 대체한 LED 광원을 쪼여 겉모습만 농산물을 생산할 뿐이다. 농사는 일종의 교향곡이다. 햇빛과 바람과 물을 바탕으로 하여 작물을 중심으로 흙과 그 속의 다양한 미생물과 지렁이, 땅강아지, 두더지 같은 생물들이 얽히고설키며 연주한다. 농부는 그 교향곡의 지휘자다. 목표를 설정하고 방향을 지시하며 서로의 관계를 조율

하는 데 도움을 줄 뿐 그들의 역할을 대신할 수 없다. 한두 명의 결원은 보충할 수 있겠지만, 전체를 다 담당할 수는 없는 노릇이다. 유기농업도 이와 같은 맥락이다. 유기농업의 '유기(有機)'라는 단어는 생물체처럼 전체를 구성하고 있는 각 부분이 서로 밀접하게 관련되어 있다[1]는 뜻이다. 농업생태계를 구성하는 각각의 요소들이 서로 밀접하게 연관되어 작물에 이로운 상호작용을 하도록 농사짓는 일이 바로 유기농업이다. 그런데 요즘은 유기농업이 그저 농약과 화학비료 같은 화학 농자재만 쓰지 않으면 되는 것인 양 호도되고 있다. 그래서 심지어 유기농가에서도 비료만 쓰지 않을 뿐 과다한 퇴비를 사용하여 땅을 망가뜨리는 일이 비일비재하다. 유기농업에 대해 정확히 이해하지 않고 화학 농자재만 쓰지 않으면 된다는 식으로 받아들이며 발생하는 안타까운 일이다.

유기농업에서는 참가자가 많으면 많을수록 좋다. 물론 작물에 해를 끼치는 요소는 달가운 존재들이 아니다. 당장 유기농업을 실천하여 농약을 치지 않으면 병충해가 늘어난다고 한다. 당연한 일이다. 깨어진 균형을 다시 이루기까지는 많은 시간과 노력이 필요하다. 그 과정이 매우 어려워 중도에 포기하는 일이 많다. 공부도 많이 해야 하고, 세심하게 관찰해야 한다. 그러니 일반적인 농사에 비해 할 일도 많고 어렵게 느껴지는 것이 사실이다. 농업생태계에 참여한 여러 요소들이 다양해지려면 논밭의 주연인 작물도 다양해져야 한다. 수만 평의 논밭에 똑같은 품종의 1가지 작물만 재배되는 모습에 어떤 사람은 장관이라 여기며 카메라 셔터를 누르겠지만, 어찌 보면 끔찍한 일이기도 하다. 경관이 획일화된 논밭에는 병충해가 찾아오기도 쉽고, 그 작물이 요구하는 양분도 모두 같기에 땅이 혹사를 당하기도 쉽

1 국립국어원 표준국어대사전 참조

고, 그에 찾아오는 미생물이나 곤충도 다양하지 않을 수 있다. 말 그대로 획일성이 지배하는 경직된 사회의 모습을 그대로 보여준다. 우리가 흔히 혼동하는 말 가운데 '틀리다'는 표현이 있다. 요즘 사람들이 구사하는 언어를 보면 '다른 것'을 '틀린 것'이라 표현하는 걸 쉽게 볼 수 있다. 왜 다른 게 틀린 것이 되었을까 하는 건 나의 오래된 의문이었다. 나는 나름대로 우리 사회가 다른 것을 용납하지 않았기 때문에 그렇게 된 것이라 결론을 내렸다. 과거 모두가 하나 되어 경제발전을 이룩하자며 온 국민의 군인화가 이루어지고 사회는 군대의 연장선이 되었다. 다른 의견을 내는 사람, 다양성을 강조하는 사람은 빨갱이로 몰려 처벌을 받거나 죽임을 당했다. 그러한 사회 분위기가 몇십 년 동안 이어졌으니 우리가 다른 것을 틀린 것이라 받아들이기에 충분하지 않을까. 다른 것은 틀린 것이 아니다. 다른 것은 그저 다른 것일 뿐이다. 다른 것을 틀리다고 하면서 우리는 수많은 다양성들을 무시하고 짓밟아왔다. 성소수자, 병역거부자, 장애인, 여성주의자 등등 이 사회의 기준에 조금이라도 어긋나는 사람들의 인권은 무시되고 짓밟혔다. 그 모습이 우리의 논밭에서도 똑같이 일어난 것이다. 수확량(경제성장)이 떨어지는 토종 씨앗(다양성)은 '빨갱이'로 내몰리며 논밭에서 사라지게 되었다. 물론 그것이 농민들의 자발적 선택으로 인한 결과가 아니냐며 항변할 수도 있겠다. 그런데 농민들 역시 사회적 존재가 아닌가? 사회에서 요구하고 필요로 하는 것을 받아들였을 뿐이다. 심지어 신품종 통일벼를 보급하는 초창기에는 통일벼 이외의 다른 품종의 토종 벼로 못자리를 만들면 관련기관의 관리들이 나와 못자리를 밟아 망쳐버리는 일도 흔했다고 한다.

    나는 이 책에서 토종이 최고라는 이야기를 하려는 게 아니다. 그렇다고 최선이라고도 이야기하지 않을 것이다. 토종은 토종 나름대로 의미와 가치가 있음을 이야기하고자 한다. 선택은 각자의 몫이다. 토종 씨앗이란 무엇이고, 그것이 어떤 의미와 가치가 있으며, 어떠한 토종들이 있는지 이야기하겠다. 이를 통해 조금이라도 토종 씨앗에 대한 이해가 넓어져 토종 씨앗이 농업생태계에 비집고 들어와 한 자리에 뿌리를 내릴 수 있으면 좋겠다. 그러한 일이 농업은 물론, 우리 사회에 다양성이 확산되는 데 도움이 되었으면 한다.

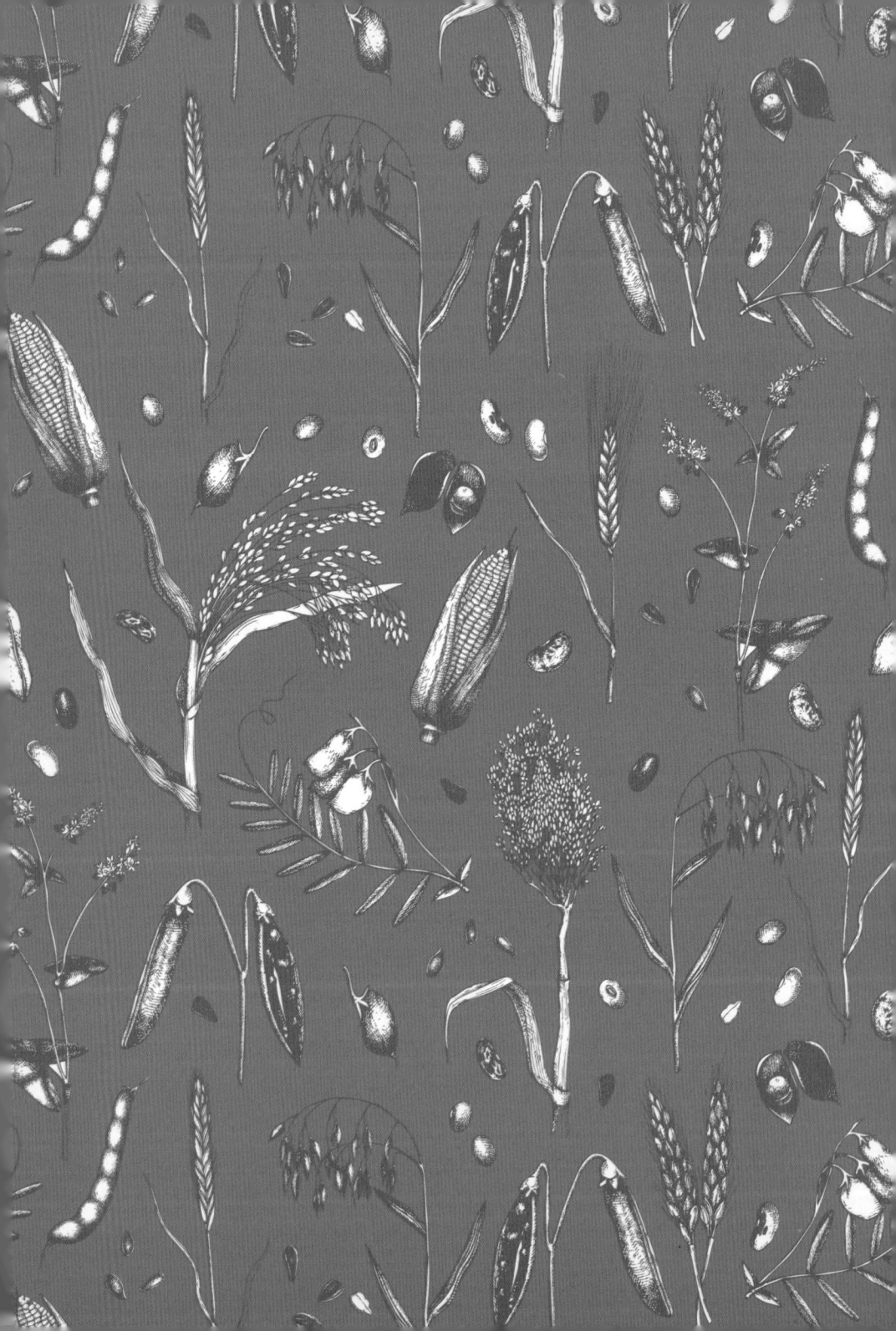

CHAPTER
1

토종이란 도대체 무엇인가

인터넷 검색창을 열어 '토종'이란 검색어를 입력해보라. 요즘은 토종 씨앗에 대한 관심이 높아지면서 그와 관련된 내용들이 많이 뜬다. 한때는 용병 운동선수에 대비하여 한국인 운동선수를 가리키는 내용이나 어디에 가면 토종닭이 맛있다더라 하는 정보들만 가득했다. 나는 2008년부터 해당 자료를 찾아보려고 검색하기 시작했으니, 불과 10년도 되지 않은 사이에 토종에 대한 관심과 이해도가 매우 높아졌음을 실감하게 된다. 2016년 4월에는 〈6시 내고향〉이라는 방송 프로그램에서 아예 '토종 씨앗'을 주제로 축제까지 개최되었을 정도이니 더 말해 무엇하랴.

　　최근에는 농업 관련기관들에서도 토종 씨앗에 큰 관심을 보이고 있다. 그러한 기관에서는 주로 대체 소득원의 관점에서 씨앗을 바라보고 있어 시민단체의 시각과는 차이가 나타난다. 또 개인 육종가나 도시농업의 텃밭 농부들도 토종 씨앗에 주목하고 있다. 육종가는 새로운 품종을 개발하는 유전자원으로서, 텃밭 농부들은 주로 안전하고 맛있는 먹을거리라는 측면에서 접근하고 있다. 그런가 하면 어떤 사람들은 토종 씨앗이 지닌 영양분과 약효 등에 집중하기도 한다. 이렇듯 토종 씨앗을 바라보는 여러 시각이 존재하고 있으며 저마다 토종 씨앗을 다르게 정의하기도 한다.

그렇다면 토종 씨앗이란 도대체 무엇인가? 우리가 무엇을 토종 씨앗이라고 불러야 하는가? 이와 관련하여 1997년 만들어져 한국에서 토종을 연구하는 사단법인 한국토종연구회와 안완식 박사의 『한국토종작물자원도감』에서는 이렇게 정의하고 있다.

> 토종이란 말은 〈한글사전〉에 '재래종 또는 토산종'으로 풀이되어 있으며, 또 재래종은 '전부터 있어서 내려오는 품종 또는 어떤 지방에서 여러 해 동안 재배되어 다른 지방의 가축이나 작물 따위와 교배되는 일 없이 그 지방의 풍토에 알맞게 된 종자'라고 되어 있다. 또 토산종은 '그 지방에서 특유하게 나는 종자 또는 종류'로도 풀이되어 있어서 재래종을 포함하는 의미라고 말할 수 있다.
> 이들을 요약하여 보면 '토종은 일정한 장소에서 순계로 장기간 그 지방 풍토에 적응된 그 지방 특유의 생물(種)'로 자생종과 재래종을 포함하는 의미이다. 한국토연구회에서는 '토종'을 다음과 같이 정의한다.
> "토종은 한반도의 자연생태계에서 대대로 살아왔거나 농업생태계에서 농민에 의하여 대대로 사양, 재배 또는 이용되고 선발되어 내려와 한국의 기후 풍토에 잘 적응된 동물, 식물 그리고 미생물이다."[2]

재래종이란 말을 국제식물유전자원연구소(IPGRI)에서는 '랜드레이스(Landrace)'라고 하였으며, 이 말을 영문으로는 '자신의 환경에 알맞고 오랜 기간에 걸쳐 비교적 안정성을 갖는 작물군(Crop populations)' 또는 '의

도적으로 육종된 것이 아니라 원래의 농업체계에서 농민이 여러 세대에 걸쳐 선발하여 개발된 지역의 작물 품종'이라 풀이하고 있어서, 재래종은 예로부터 농부의 손에 의하여 재배되어 오는 재배종이란 의미가 강하다. 한편 웹스터스(Webster's) 사전에서 '인디저너스(Indigenous)'라는 말을 '특정한 지역이나 환경에서 생산되고, 재배되거나 자연적으로 살아오면서 비롯된 것'으로 풀이하고 있다. 이는 어느 지역에서 예로부터 스스로 나서 자라나는 자생종이란 의미가 크다. 한국토종연구회에서 정의하고 있는 '토종(Native species)'이란 재래종과 자생종을 함께 포함하고 있다.[3]

설명이 길지만 우리가 주목할 부분은 농업과 관련된 정의이다. 다시 한번 정리하자면 다음과 같다. 토종 씨앗이란 "농업생태계에서 농민에 의하여 대대로 사양, 재배 또는 이용되고 선발되어 내려와 한국의 기후 풍토에 잘 적응된 식물"이다. 그러니까 토종 씨앗의 핵심은 한국의 기후와 풍토에 얼마나 잘 '적응'했느냐에 달려 있다.

2 안완식, 『한국토종작물자원도감』, 도서출판 이유, 2009, 12쪽.
3 (사)한국토종연구회 홈페이지의 내용을 한국어로 옮겨서 인용.

씨앗들의 여행

 토종 씨앗과 관련하여 흔히들 하는 오해 가운데 하나는, 옛날 옛적 고조선 시대부터 내려온 씨앗이 바로 토종이라는 생각이다. 하지만 그런 작물은 세상에 없다고 단언할 수 있다. 한국이 원산지라고 일컬어지는 작물은 딱 하나를 꼽을 수 있다. 바로 콩이다. 한국인의 소울푸드라는 김치를 예로 들자면, 김치의 주재료는 다들 알다시피 배추와 고추라고 할 수 있다. 그런데 그 배추와 고추조차 외국에서 들어온 작물들이다. 배추는 중국을 통해서 들어와 정착했고, 고추는 저 멀리 라틴아메리카에서부터 한국에까지 건너와서 적응한 작물들이다. 그러니 시간적으로 아주 오랜 옛날부터 그 땅에서 나고 자란 것만이 토종이라 정의하면 토종 씨앗이라 내세울 만한 것이 거의 없다.

 2016년 6월 발표된 『식량작물의 기원은 세계의 국가들을 연결한다(Origins of food crops connect countries worldwide)』는 논문을 보면, 우리가 먹고 있는 각각의 작물들이 어디에서 기원하여 생산되어 운송되는지를 간명하게 파악할 수 있다. 논문에 의하면, 한국이 속한 동아시아에서 기원하는 작물은 크게 20가지이다. 가지, 감, 귤, 레몬, 멜론, 벼, 배, 배추, 복숭아, 사과, 살구, 계피, 오이, 자몽, 조, 차, 포도, 콩, 키위, 홉이 이에 속한다. 다음 페이지의 지도에서 보면 일부 작물은 기원지가 여러 곳인 경우도 있고, 일부 국가는 생태지리적 특성이 다양하여 몇 군데의 지역분류에 포함되는 사례도 있다. 아무튼 앞서 열거한 20가지의 작물 이외에 우리가 먹고 있는 여러 농산물은 멀고 먼 바닷길과 실크로드 등을 거쳐 우리의 밥상 위에까지 오르게 된 것들이다.

    1887년에 태어나 1900년대 중반 세상을 떠난 러시아의 니콜라이 바빌로프라는 유명한 육종학자가 있다. 그는 100여 회에 걸쳐 세계 곳곳을 탐사하며 작물의 씨앗을 수집하고 조사하는 연구를 수행한 바 있다. 그는 한국과도 인연이 있는데, 1924년에는 서울을 비롯한 수도권 일대를 탐사하여 맥류 17점을 비롯한 여러 작물을 수집해 갔다고 한다.[4] 그는 자신이 조사한 자료를 바탕으로 '재배식물의 기원중심지'란 이론을 주장했다. 그 이론에 의하면, 어떠한 작물의 기원 —또는 원산— 은 해당 작물의 야생종과 야생 근연종, 재배종이 다양하게 분포하는 곳일 가능성이 높다고 한다. 바빌로프의 이론에 의하면, 콩은 황하 유역이 1차 기원지이며 만주 일대가 근연종과 재배종이 많이 발견되는 2차 기원지로 꼽힌다. 그 영향 때문인지 한국에서는 다양한 종류의 콩이 발견된다. 주의할 점은 이때의 콩은 주로 메주콩을 가리킨다는 사실이다. 강낭콩은 라틴아메리카에서 기원하여 바닷길과 육지를 거쳐 한국에 이르렀고, 완두콩은 지중해 연안이 기원으로 알려져 있다. 우리가 관심을 기울이지 않아서 그렇지 산책을 하다가도 야생종이나

4   농촌진흥청 유전자원과, 『유전자원 연구 20년』, 농촌진흥청, 2007, 21쪽.

151가지의 상품작물의 기원지에 대한 논문을 바탕으로 국제열대농업센터(CIAT)에서 시각화했다. (https://cgspace.cgiar.org/bitstream/handle/10568/75665/PRINT_origin-species-world-map-v9_hires_poster%20EN.pdf?sequence=1&isAllowed=y)

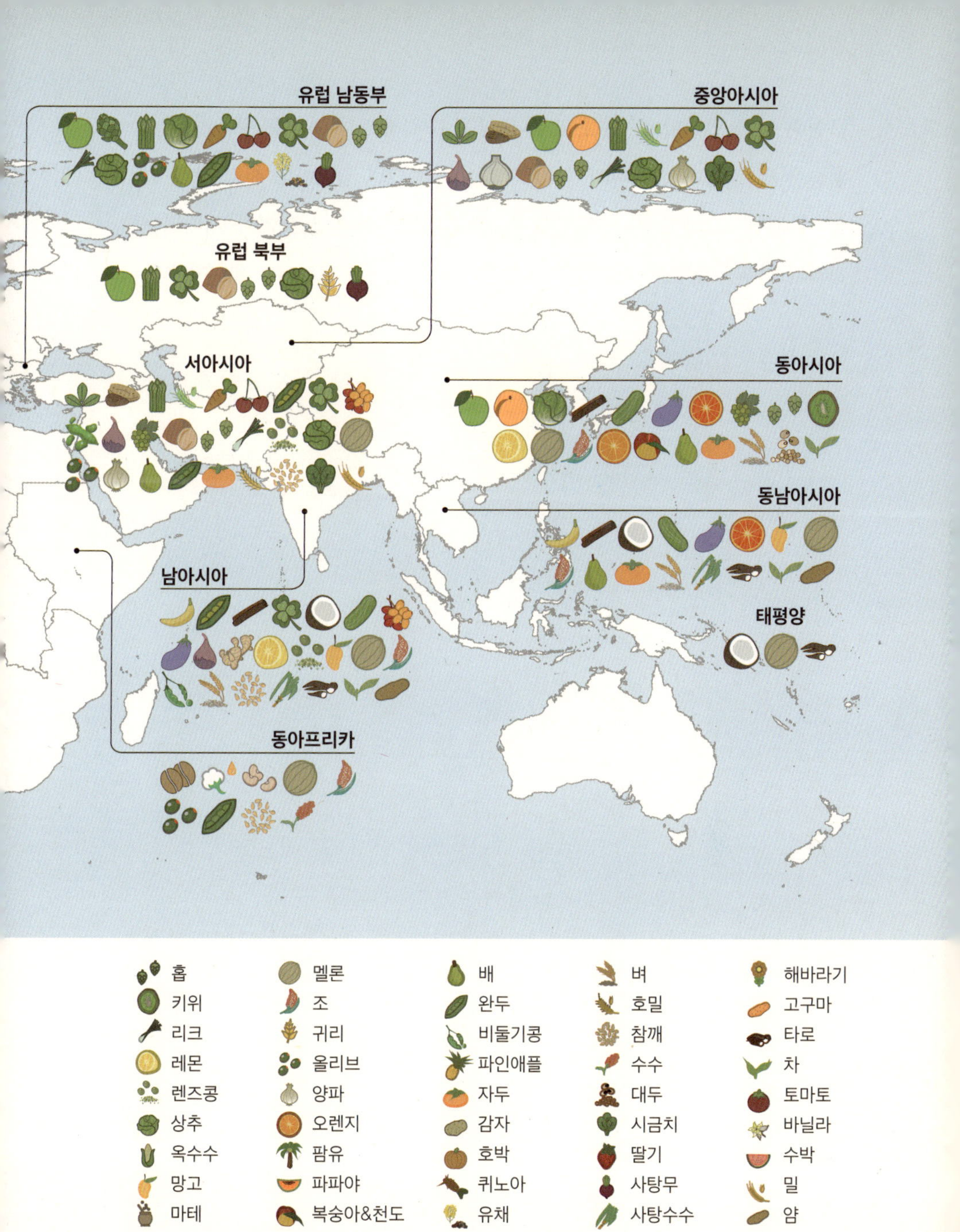

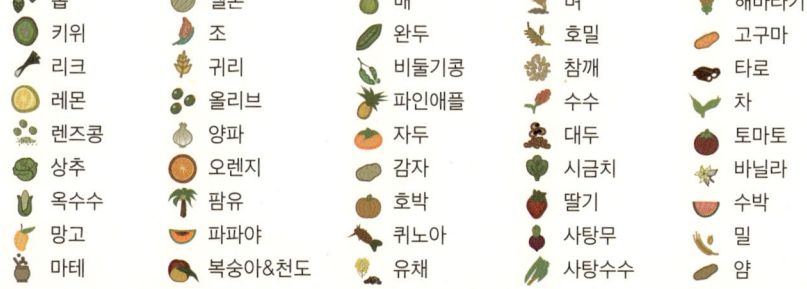

근연종 콩을 발견할 수 있다. 토종 씨앗을 수집하고자 농가를 방문하면 재배종은 또 얼마나 다양한지, 약간의 과장을 보태면 집집마다 서로 다른 콩을 재배한다고 해도 될 정도이다. 이러한 각각의 콩들은 자기가 재배되는 지역의 기후와 풍토에 적응하면서 인간과 함께 공진화해왔다고 할 수 있다.

무엇을
토종이라 할까

앞서 언급했듯이 크게 20가지 정도의 작물을 제외하고 우리가 현재 먹고 있는 작물 대부분은 모두 먼 길을 거쳐 온 것들이다. 그럼 그러한 작물들은 기원지가 다르기에 절대로 한국의 토종이 될 수 없는가? 아니다. 그것들도 토종이 될 수 있다. 한국의 기후와 풍토에 잘 적응하며 살아왔으면 그만이다. 어느 작물을 토종이냐 아니냐 구분하는 가장 중요한 기준은 앞서 언급했듯이 자연환경에 대한 '적응'이다. 그래서 고조선 시대부터 이 땅에서 재배되던 것만이 토종이 아니라, 근래에 새로 들어왔어도 한국의 자연환경에 잘 적응해서 살아가면 그걸 토종이라고 한다. 한 관계자에게 들었는데, 토종연구회에서도 처음 토종이란 개념을 정의할 때 고민이 많았다고 한다.

  토종을 100년이나 200년 전의 것이라고 시간적으로 정의하면 범위가 너무 한정되기에, 그보다는 자연환경에 대한 적응을 기준으로 세웠다는 것이다. 그렇게 되면 50년이든 100년이든 어쨌든 한국이란 자연환경에 적응한 것을 토종이라 정의할 수 있어 범위가 훨씬 넓어진다. 생물자원이 점점 더 소중해지고 있는 이 시대에 그만큼 활용할 수 있는 유전자원이 풍부해진다는 것이다.

우리는 이를 인간 사회에도 적용해볼 수 있다. 요즘 한국에는 이주민들이 점점 많아지고 있다. 한국 사회는 급속도로 다문화사회로 변하고 있다. 농촌 지역은 이미 다문화사회라고 할 수 있을 정도다. 하지만 아직까지 다양성에 대한 개념이 제대로 뿌리내리지 않아서 그런지, 다문화사회를 맞이할 준비가 부족하다. 여전히 이주민에 대한 억압과 차별이 존재하고, 그들의 문화를 존중하고 공존하려고 하기보다 한국인으로 동화하려는 목적이 우선된다.

이는 관련기관에서 진행하는 이주민 대상 교육 프로그램 내용만 봐도 느낄 수 있다. 통일은 하나의 커다란 틀 안에서 다양성이 인정받는 것을 뜻한다. 모두가 똑같아지도록 강요하는 것은 획일이다. 우리는 지금도 알게 모르게 획일화되도록 강요를 받고 있다. 다문화사회로 넘어가려면 다양성을 인정하고 존중하는 문화가 필요하다. 이주민들이 우리와 똑같은 인간으로 인정을 받고 권리를 누릴 수 있어야 한다. 그러려면 가장 먼저 우리의 인식이 변화되어야 한다.

이런 예를 들어보자. 만약 내가 무슨 일이 생겨 당장 미국으로 이민을 간다고 가정하자. 그곳에서 누군가와 결혼하여 자식을 낳고, 그 자식이 또 결혼하여 자식을 낳으며 5~6세대가 지난다. 그러면 나의 후손은 아마 한국말도 잘 못하고, 한국 음식도 입에 안 맞아 잘 먹지 못하고, 한국인들과 어울리는 데도 어려움을 겪을 것이다. 그보다는 오히려 영어를 유창하게 하고 미국인들과 스스럼없이 잘 지낼 것이다. 그 사람의 겉모습은 한국인과 비슷할 테지만, 과연 한국인이라고 할 수 있는가? 마찬가지로 한국에 들어온 동남아 이주민이 결혼을 하고, 그 자식이 계속 살아가며 5~6세대가 지났다고 하자. 그 후손은 한국말도 유창하게 하고, 한국 음식도 잘 먹으며, 한국인과 아무 문제없이 잘 어울려 지낼 것이다. 그렇다면 그 사람은 동남아 사람인가, 한국인인가? 굳이 답을 이야기하지 않아도 모두 알 것이다.

이렇듯 인간의 경우에는 한 사회의 문화에 얼마나 잘 적응했느냐 아니냐가 그 사람이 '토종'인지 아닌지 정의하는 기준이 되고, 작물의 경우에는 그 작물이 재배되는 해당 지역의 자연환경에 얼마나 잘 적응했느냐가 토종인지 아닌지 가르는 기준이 된다. 문화나 자연환경은 절대불변하는 것이 아니라 시간이 지남에 따라 변화해나간다.

그렇기 때문에 토종 씨앗을 고정불변의 무엇으로 생각하는 것은 무리가 있다. 토종 씨앗은 시간이 지남에 따라 새로운 자연환경에 적응하며 농부와 함께 자신의 유전자를 변화시키며 살아왔다. 이 부분을 간과하면 토종 씨앗을 한민족의 유일무이한 소중한 자원으로 치환하여 숭배의 대상으로 삼는 오류에 빠지게 된다. 사랑이 변하듯 토종 씨앗도 변한다. 변하지 않으면 변화하는 환경 속에서 살아남기 힘들다.

한민족도 사실 따지고 보면 이방인들과의 무수한 접촉을 통해 유전형질이 변화해온 결과물 아닌가. 한민족의 순혈주의를 주장하는 것은 어불성설이다. 토종 씨앗도 마찬가지로 순수하지 않다. 순수라는 것은 인간의 머릿속에서나 존재하지 현실에서는 찾아보기 어렵다. 모든 것은 변화하고, 토종 씨앗은 그러한 변화에 맞춰 자신도 변화하면서 살아남은 것이다. 그것을 우리는 변이, 변종, 돌연변이 등이라 부르기도 한다. 그러한 변이, 변종, 잡스러운 것은 나쁜 것도, 틀린 것도 아니다. 변화에 적응하며 잡박해지지 않으면 살아남지 못할 수도 있다.

순수혈통을 강조한 결과 어떠한 일이 일어났는지는 역사를 통해 찾아볼 수 있다. 나치의 순혈주의나 귀족들의 근친혼 등이 인간의 역사에 어떤 결과를 가져왔는가? 또한 이제는 가족의 일원으로 취급되는 반려견의 경우도 생각해보라. 순종을 추구하는 일이 반려견들에게 어떤 비극을 일으켰는가? 인간이 순종 강아지를 생산하기 위해 근친교배를 유도하고, 그 결과 태어난 수많은 열성 강아지들이 폐기처분된다고 한다. 또 그렇게 태어난 순종의 강아지는 유전적 취약성 때문에 각종 질병에 시달리기 쉽다고 한다. 이는 인간이 동물에게 자행하는 일종의 유전자변형 기술이라고도 할 수 있을지 모른다.

마지막으로 이런 문제도 생각해볼 수 있겠다. 요즘 기후변화의 영향으로 한국의 기후가 빠르게 변화하고 있다. 그러면서 재배하는 작물에도 변화가 발생하고 있는데, 예전에는 주로 제주 지역에서나 재배되던 열대, 아열대 작물들이 현재는 남부 지역에서까지 재배된다는 것이다. 경남 거제의 파인애플, 의령의 구아바, 통영과 진주의 용과, 전남 여수의 망고, 고흥의 패션후르츠, 곡성의 파파야 등이 그 세력을 확장하고 있다.

이러한 현상은 새로운 소득작물에 대한 기대로 지자체에서 적극적으로 보급에 나서면서 가속화하고 있다. 현재 한국에서 가장 많이 재배하는 열대과일은 망고인데, 제주에서 2001년 약 2만 평 정도 재배되던 것이 2014년에는 그 3배 이상인 약 7만 평 정도로 면적이 늘었다고 한다.[5]

그러면 이렇게 새로 재배되는 열대, 아열대 작물들도 토종이라고 할 수 있을까? 물론 아직은 아니다. 하지만 언젠가는 한국의 변화한 자연환경에 의하여 토종 작물이 될 여지는 있겠다. 현재는 그러한 작물들이 시설하우스에서 재배되기 때문이다. 인공 환경에서는 살아갈 수 있지만, 자연환경에서는 대개 겨울의 추위를 이기지 못하고 얼어 죽는다. 겨울이 더 따뜻해진 어느 날, 열대의 작물들 중 노지에서도 겨울을 이기고 살아남는 것이 나타나 자신의 씨앗을 퍼뜨려 한국의 자연환경에 적응한다면 그때는 아마 그것을 토종 작물이라고 불러줘야 할지도 모르겠다.

5 한국농촌경제연구원, 「열대과일 수급 현황과 시사점」 『FTA 이슈 리포트』 제12호, 2015 참고

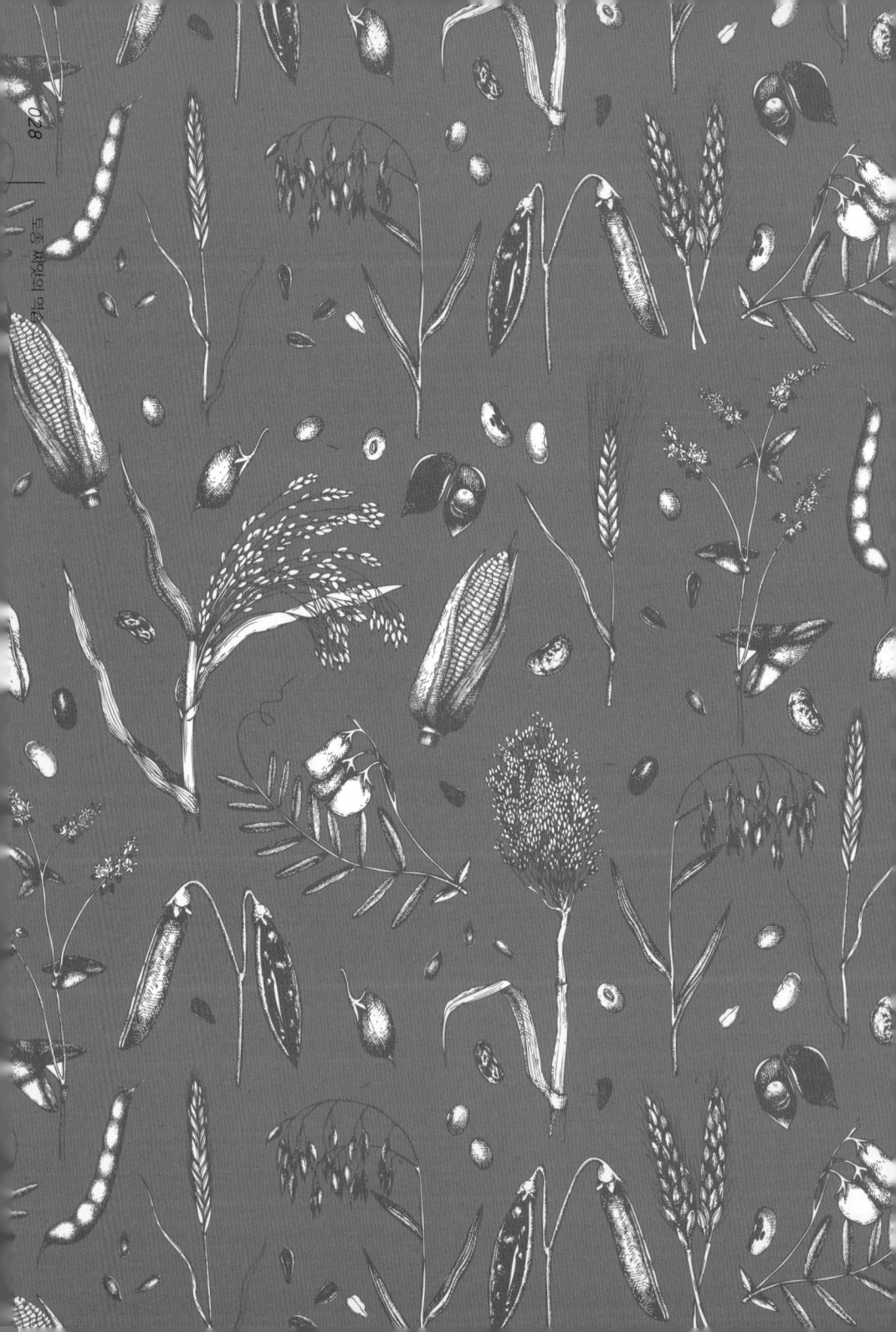

CHAPTER
2

토종아, 어디 있니

자급을 위한
일이었던 농사

예전 농경사회에서 농사는 목숨과 직결되는 중요한 일이었다. 한 해의 농사가 망하면 말 그대로 초근목피로 연명하는 일이 일어났다. 돈이 있어도 먹을 것이 없으면 굶어 죽는 수밖에 없었다. 그건 농산물을 비축하는 기술도 부족하고, 인구의 수요량 대비 절대적인 생산량도 모자라서 그랬을 수도 있다. 또한 대부분의 사람들은 시장에서 농산물을 사다 먹기보다 직접 집에서 여러 가지 작물을 재배하여 소비했을 가능성이 높다. 일부 도시에서는 사람들의 수요에 따라 시장이 발달하여 직접 농사짓기보다 사서 먹는 일이 많았을지도 모르지만, 농민이 절대 다수였던 과거에는 크게 농사를 짓지 않더라도 집집마다 자그마한 텃밭에서 농사를 지으며 집에서 필요한 농산물을 충당하는 일이 흔했을 것이다. 그러다 보니 당연히 집집마다 자급을 위해 수십 종류의 씨앗을 구비하고 있었을 것이다. 요즘으로 따지면 씨앗을 준비해놓지 못한 집은 통장에 잔고가 없는 상태와 마찬가지인 셈이다. 그만큼 씨앗은 생명줄을 이어갈 수 있게 해주는 소중한 자산이었다.

물론 조선 후기에도 환금작물을 재배하는 일은 있었다. 다산 정약용 선생이 기록한 바에 의하면, "경성 내외의 읍과 대도시에 있는 파밭, 마늘밭, 배추밭, 오이밭 10무의 땅에서 수만 전을 벌어들인다(10무는 논 40마지기이고, 만 전은 100량이다)"라고 한다.[6] 당시 환금작물의 재배가 전국적으로 어느 정도의 규모와 수준이었는지는 정확히 알 수 없으나, 우리는 이러한 기록을 통해 조선 후기에도 이미 상업이 발달하고 환금작물이 재배되었다는 사실을 확인할 수 있다.

어느 날부터인가 자급을 목적으로 하던 농경사회의 농사가 사회의 변동과 함께 변하기 시작했다. 특히 조선 후기를 거친 뒤 일제강점기와 함께 찾아온 근대화로 인해 많은 변화가 일어났다. 도시와 상공업이 성장하며 사람들이 농촌을 떠날 수도 있게 된 것이다. 하지만 그래도 여전히 인구의 대다수는 농민이었다. 그들은 먹고살기 위해서 농사를 지었다. 도시와 공업이 성장했다지만 여전히 다른 산업의 일자리는 부족했고, 대다수는 농사를 지어 농산물을 내다팔거나 집에서 먹을거리를 재배하며 생계를 유지했다. 또 일본 제국주의는 조선을 식량 생산기지로 만들고자 했기에 사람들이 농업을 포기하도록 놔두지도 않았다. 한국산업은행조사부에서 1955년에 발표한 『한국산업경제10년사』(1945~1955)에 보면, 1930년대부터 1949년까지 농업에 종사한 인구가 76~78%에 이르는 것을 확인할 수 있다. 이러

	남	여	합계
1930년	5,043,698	2,620,866	7,664,564
1940년	4,553,876	2,131,362	6,685,238

1930년~1940년대 농업종사자 수(조선총독부, 1930; 조선총독부관방조사과, 1940 참조)

---

6 김용섭, 『조선후기농업사연구』, 일조각, 1990, 178쪽에서 재인용.

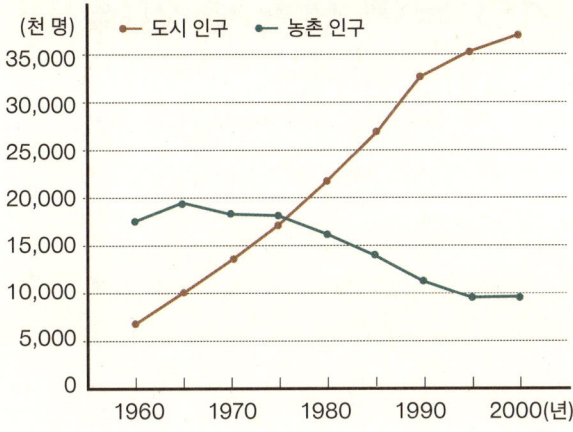

1960~2000년대 농촌과 도시 인구 변화 추이(통계청, 인구 주택 총조사, 2002 참조)

한 추세는 해방 이후 한국의 산업화가 완성되기 전까지 계속되어, 한국에서 도시의 인구가 농촌의 인구를 넘어서기 시작한 것은 1970년대 중반이나 되어서의 일이다.

조선의 논이 상품성 있는
쌀의 생산기지로

토지조사사업을 바탕으로 근대적 토지소유관계를 확립하고, 이후 산미증식계획을 세워 지주층과 함께 소작농들을 수탈했다는 역사적 사실은 이미 학창시절에 귀에 딱지가 앉도록 듣지 않았던가. 토지조사사업에 대해 오해하는 것은 이 사업이 조사 대상이 되는 토지와 그 소유자를 새로 창출하거나 다시 배분한 것이 아니라는 점이다. 이전부터 존재하던 토지와 그 소유자를 명확히 해서 법적 소유권을 부여한, 즉 근대적 토지소유제도를 확립한 일이었다는 게 사실이다. 물론 그 과정에서 억울함을 당하거나 부당함을 호소하는 사람도 있었을 것이다. 그러한 일들로 토지조사사업이 농지를 빼앗기 위한 수단이었다고 생각하면 곤란하다. 이러한 토지 소유제도를 확립한 뒤 제도적이고 더 치밀하게 수탈이 이루어졌다. 미야지마 히로시 교수는 일제강점기 토지조사사업의 영향으로 토지의 상품화와 자본의 전환이 촉진되고, 지세 수입을 안정적으로 확보하며, 산미증식계획 등의 정책을 원활히 추진하고, 조선인 관리를 양성하여 지방통치체제를 확립하며 지방의

지배세력을 교체하고, 식민지 지주제를 전개할 수 있었다고 지적한다.[7]

    토지 소유관계가 정리된 뒤 일본 제국주의는 본격적으로 조선을 쌀 생산기지로 만드는 작업에 착수한다. 그것이 바로 산미증식계획이다. 이는 1918년 7월 23일, 일본의 도야마현에서 일어난 이른바 '쌀 소동'에서부터 기인한다. 메이지유신 이후 공업화를 추진한 일본은 젊은이들이 농업을 포기하고 도시로 이주하며 농촌에는 노동력이 부족해진다. 도시화와 공업화를 추진하기 위해서는 저임금의 노동자들이 필요했고, 이에 일본 정부는 저렴한 농산물 가격을 유지하는 정책을 시행하고 있었다. 그런데 쌀 소비가 늘면서 공급량이 부족해지고, 여기에 상인들이 쌀을 매점매석하면서 쌀값이 폭등하는 일이 발생한다. 이에 도야마현의 한 어촌에서 여성들이 쌀의 반출을 중단하고 쌀값을 내리라며 지주와 미곡상을 찾아갔다. 이것이 전국으로 보도되며 9월 17일까지 각지에서 약 70만 명이 동참하였다. 이 일로 인해 일본에서는 데라우치 내각이 사퇴하게 되고, 이듬해인 1919년 개간조성법과 경지정리법을 개정하여 홋카이도 산미증식계획을 실시하게 된다. 1920년부터는 조선에서도 산미증식계획을 추진하게 되었다. 산미증식계획은 일본의 식량 부족 문제를 해결하여 노동자의 임금을 낮게 유지하려는 게 주목적이었던 셈이다.

    그렇다면 쌀의 생산성을 높이기 위해서 어떻게 했을까? 당시 재정 사정이 그리 넉넉하지 않아 가장 손쉬운 방법부터 채택한다. 그것은 바로 종자, 즉 씨앗을 바꾸는 일이다. 권업모범장을 위시로 여러 농사시험장을 설립해 우량품종을 검증하고 선발하여 보급하는 한편, 이와 함께 비료의

---

[7] 미야지마 히로시, 『조선토지조사사업사의 연구(朝鮮土地調査事業史の研究)』, 동경대학 동양문화연구소, 1991.

사용량을 늘렸다.[8] 기존의 수리시설을 조사하여 보수하며 수리조합을 결성하도록 하고 밭을 논으로 전환하여 개간과 간척으로 논을 확장했다.

원래 조선의 토종 벼는 물이 좀 부족해도, 또 거름이 좀 부족해도 잘 자라는 품종이 대부분이었다. 그런 환경에서 적응하며 자라왔기 때문이다. "조선의 벼 품종은 매우 다양한데, 대개 까락이 많고 이삭에 알갱이 수가 많은 대신 크기는 작으며, 키가 커서 쓰러지기 쉽고, 도열병에 잘 걸리며, 가뭄에 잘 견디고, 조생종이 많고, 수분이 적어도 싹이 잘 튼다. 그래서 물과 거름이 부족한 상황에서는 일본의 개량종보다 수확이 많다"[9]는 기록이 남아 있을 정도다. 대규모 수리시설이 확보되지 않은 상황에서 빗물에 의존하며 농사짓는 경우가 많았을 테니 토종 벼들은 물이 좀 부족한 상황에서도 생존할 수 있는 방법을 터득해온 것이다. 거름의 경우도 마찬가지다. 1905년에 발표된 『한국토지농산조사보고』에 보면, 조선의 주된 거름은 사람의 똥오줌, 외양간퇴비, 들풀, 짚, 초목재가 주이고, 그 밖에 닭똥, 개똥, 누에똥, 해초, 왕겨, 쌀겨, 그을음, 태운 흙, 깻묵 등이 조금 있다고 한다. 그러니 거름이 많지 않은 상황에 적응하며 살아왔을 것이다. 하지만 그러한 특성이 있는 조선의 토종 벼는 근대적 방법으로 육종된 일본의 품종보다 단위면적당 생산성이 떨어지고, 특히 주요 소비자들이 있는 일본 시장의 기호에 맞지 않는다는 약점이 있었다.

그래서 일본 제국주의자들은 조선의 논에 자신들의 입맛에 맞는 우량품종을 퍼뜨리는 일에 열중했다. 이에 우량품종의 재배면적이 1912년에

8　산미증식계획과 함께 급증한 비료의 소비량을 보면, 1925년 약 12만 톤이었던 금비(金肥)의 소비량이 1938년에는 약 92만 톤으로 650% 정도 증가했다고 한다. 한국농촌경제연구원, 『한국 농업·농촌 100년사(上)』, 4장 참조.

9　후지타 고(藤田强), 「조선산미증식계획의 경과와 신증미계획의 검토」 『식은조사월보(殖銀調査月報)』, 제22호, 조선식산은행, 1940.

는 전체 논벼의 재배면적 가운데 2.8%였는데, 이것이 산미증식계획과 함께 급증하여 1920년에는 57.7%, 1930년 70.1%, 1940년에는 91%에 달하게 된다.[10] 참으로 어마어마한 비율이 아닐 수 없다. 그러니까 전체 논의 대부분에서 우량품종이 재배되었다는 뜻이다. 그렇다면 토종 벼는 어떻게 되었을까? 대규모로 농사지을 수 없는 산간처럼 조건이 불리한 지역 등이나 개개인이 집에서 먹을 용도로나 겨우 명맥을 유지하게 된다. 물론 토종 벼 가운데 우량품종에 선발된 것들도 존재한다. 1915년에 황해도의 백조(白租)와 냉조(冷租), 1925년에는 평안남도의 모조(牟租), 대구조(大邱租), 용천조(龍川租), 예조(芮租), 강원도의 녹두조(綠豆稻), 백천조(白川租), 노인도(老人稻) 등이 있었다.[11] 참고로 당시 우량품종으로 선발되어 보급된 벼에는 잘 알려진 다마금이나 은방주, 곡량도, 조신력, 적신력, 애국, 히노데 등이 있다. 이를 굳이 언급한 이유는 다마금과 은방주 등이 조선시대 때부터 재배되던 토종 벼라고 하는 분들도 있어서이다.

    이상에서 살펴본 것처럼, 일제강점기 식민지 조선의 농업정책은 철저히 벼농사를 중심으로 시행된다. 이 때문에 조선이란 식민지에는 쌀의 대규모 단작형(monoculture) 농업 구조가 뿌리를 내린다. 이 과정에서 상대적으로 밭농사는 소외되고, 겨우 공업용 원료를 공급하는 면화나 양잠, 고구마같이 군수품 등의 필요에 따라 조명을 받았을 뿐이다. 또한 대규모 단작형 벼농사가 퍼지면서 조선 각지의 기후와 풍토에 맞추어 발달한 전통농법이 파괴되는 것과 함께 토종 벼들이 소멸되어 찾아보기 어렵게 된다.[12] 그런

---

10   한국농촌경제연구원, 『한국 농업·농촌 100년사(上)』 4장 참조.
11   이두순, 「일제하 수도 신품종의 보급과 수도작 기술의 변화」, 『한국 농업구조의 변화와 발전』, 한국농업농촌 100년사 논문집 제1집, 한국농촌경제연구원, 2003.
12   한국농촌경제연구원, 『한국 농업농촌 100년사(上)』 8장 참조.

데 이러한 일제강점기 조선 농업의 특징은 해방 이후 70년대까지 한국의 농업정책에 의해 꾸준히 이어져나간다. 한국 사회의 공업화와 근대화를 이끌었다고 평가를 받는 경제개발 5개년 계획안이 일본 제국주의 농업정책의 근간과 연속선상에 놓여 있는 것이다.

다양성 상실의 위험

우량품종이 무서운 속도로 조선의 논을 장악하자 이를 경고하는 목소리가 나오기도 했다. 농사시험장에서 일하던 일본인 농학자인 나가이 씨는 "풍흉의 안정을 기하기 위해서 농가는 반드시 익음때(열매, 씨 등이 충분히 여물 때)가 다른 품종을 적당히 안배하여 재배해야 한다. 조선처럼 기후의 변화가 일본에 비해 크고, 또 재배기간이 비교적 짧은 지역에서는 풍흉의 차가 심한 것이 당연하다. 그러므로 단 하나의 품종만 선택하여 그것만 재배하는 것은 위험률이 높다"고 이야기했다.[13] 그러나 상품성 있는, 즉 일본 시장에서 먹힐 만한 쌀만 중시하던 관료나 지주들에게 이러한 지적은 쇠귀에 경 읽기나 마찬가지였다. 이러한 경고는 나중에 현실화되는데, 1939년의 대가 뭄으로 벼농사가 크게 망하는 일이 발생한다. 물이 없어 아예 모내기를 할

---

13   나가이 이사부로(永井威三郎), 「벼 조생종의 재배에 대하여」, 『조선농학회(朝鮮農學會)』 1931.

수 없을 정도였고, 나중에 수확량을 산정하니 절반 정도로 떨어졌다고 한다. 가뜩이나 경제공황 등으로 생활이 어렵던 소작농과 농업노동자들의 삶이 파탄 날 지경이었다. 가뭄에 강한 토종 벼들이 재배되었다면 사정은 좀 괜찮았을까? 역사에 가정은 없다지만 너무 안타까운 마음에 그런 생각을 해본다.

　　　작물의 다양성, 즉 유전적 다양성의 중요함을 여실히 보여준 사건이 이전에도 없었던 건 아니다. 작물의 획일화로 유전적 다양성이 사라지면서 대기근을 초래했던 가슴 아픈 역사적 사례가 있다. 1845~1852년까지 아일랜드에서 일어난 일련의 대기근 사태이다. 당시 아일랜드는 영국의 식량 생산기지나 진배없었다. 영국인 지주들의 수탈로 소작농이었던 아일랜드 사람들은 감자를 주식으로 삼아 살아가고 있었다. 그런데 문제는 그들이 심던 감자가 하나의 품종이었다는 사실이다. 1842년, 미국 동부의 감자 농사를 망쳐놓았던 감자마름병이 배를 타고 유럽으로 건너온 것이었다. 이 감자마름병이 아일랜드에 퍼지면서 유전적 다양성이 부족했던지라 모든 감자에 병이 들어 수확이 거의 없을 정도로 흉년이 들었다. 이에 감자만 주로 먹으며 연명하던 가난한 농민들은 굶주림에 쓰러지기 시작했다. 영국의 농산물 시장을 위한 환금작물을 재배하고 남는 땅에 감자를 재배해서 먹고 살던 소작농들은 굶어 죽거나, 아니면 배를 타고 미국으로 이주를 할 수밖에 없는 상황에 처하게 되었다. 이를 겪은 아일랜드는 당시 850만 인구의 1/3이 죽고, 1/3은 미국으로 이주했으며, 나머지 1/3만 남았다는 이야기가 나올 정도였다.[14] 대기근 사태가 감자의 유전적 획일성에서만 기인한 사건은

14　　"Monoculture and the Irish Potato Famine," *Understanding Evolution*. Berkley University, 2008 참조.

아일랜드 더블린의 부둣가에 있는 기근 동상. 감자 대기근 사태를 추도하는 뜻으로 세워졌다고 한다.
(ⓒWilliam Murphy, flickr)

아니지만, 유전적 다양성이 왜 중요한지에 대해 경종을 울렸음은 분명한 사실이다.

일제강점기에 생활고를 견디지 못하고 고향을 떠나 아예 만주와 간도 등지에 정착한 소작농과 농업노동자들이 200만 명 가까이 된다고 한다. 특히 1930년대 중반부터 이주민이 급증했다. 그리고 일본으로 간 사람들이 약 200만 명, 러시아로 간 사람들 약 30만 명까지 포함하면 430만 명이 넘는 사람들이 자신의 땅을 떠나게 되었다. 1944년 조선총독부의 인구조사에 의하면 당시 인구가 2500만 명 정도였다고 하니 만주로 이주한 사람의 수가 전체 인구의 8% 정도는 되겠다.[15] 그렇게 먼 타향으로 이주한 조선의 농

15 　박경숙, 「식민지 시기(1910년–1945년) 조선의 인구 동태와 구조」, 『한국인구학』 제32권 제2호, 2009.

민들은 만주에서조차 대부분 농사를 지었다고 한다. 일본인들이 목격한 조선 이주민들의 생활상이 이렇게 기록으로 남아 있다.

> 그들의 이주를 보면 솥 한 개, 의류와 이불 한 보따리, 남자는 짐을, 여자는 아이를 업고 쟁기를 가지고 만주로 들어갔다. 그들은 물이 흐르기만 하면 그냥 보아 넘기지 않고 작게나마 논을 일구고, 논 부근 조금 높은 곳에 토벽을 쌓고 지붕을 세워 흙으로 만든 작은 집에서 온돌식으로 취사하며 벼농사에 종사했다.[16]

박경리 작가의 『토지』나 조정래 작가의 『아리랑』 같은 문학작품에서도 당시 만주 지역으로 이주한 사람들의 모습을 엿볼 수 있다. 특히 『아리랑』에는 다음과 같은 구절이 나온다.

> 봉천 쪽에 20년 남짓 벼농사를 짓는 조선사람들 동네가 몇 있다고 했다. 몇 사람을 보내 볍씨도 구하고 만주 논농사도 배워오게 했다. 고향에서 가져온 볍씨를 그냥 쓰자는 말도 있었다. 그러나 기후가 달라 어쩔지 모르니까 반반씩 쓰기로 했던 것이다. 여자들까지 매달린 농사였지만 첫해 소출은 보잘것없었다. 야토(생흙)라 논으로 풀이 죽지 않았고, 뿌리 덜 뽑힌 잡초들이 기승을 부렸고, 기후 적응도 서툴렀던 것이다. (중략) 그런데 해가 바뀌고 금년 들어 땅주인이 나타나고 말았다. 첫해는 그냥 넘겨주었으니 금년부터는 반타작 소작료를 내라는 것이었다.[17]

---

16   김영, 「근대 만주 벼농사 발달과 이주 조선인」, 국학자료원, 66쪽에서 재인용.
17   조정래, 『아리랑』 5권, 해냄, 17–18쪽.

일제강점기 만주 지역으로 이주한 조선의 농민들 덕분에 벼농사의 북방한계선이 끌어올려졌다는 말이 괜히 나온 것이 아니다. 최근에 만주 일대를 여행하고 돌아온 지인의 이야기를 들어보아도, 조선족들은 다른 중국인들이 옥수수 농사 등을 짓는 것과 달리 여전히 그곳에서 벼농사를 짓고 있다고 한다. 토질도 다르고, 기후도 다른 곳에서 제대로 된 씨앗도 없이 새로 논을 만들고 벼를 재배하는 일의 어려움이란 이루 말할 수 없을 것이다. 당시 조선의 농민들은 먹고살기 위해서 어쩔 수 없이 택한 일이었겠지만, 그 일이 벼의 재배사에 한 획을 그은 사건이라고 인정할 수밖에 없다. 영국의 식량 생산기지로 전락해 감자의 품종이 획일화되면서 감자마름병이 돌아 고향을 떠나게 된 아일랜드 농민들과 일본의 식량 생산기지로 전락해 벼의 품종이 단순화되면서 가뭄 등으로 인해 고향을 떠나게 된 조선 농민들의 처지가 너무 비슷해 보여 더욱 안타깝다.

산업화의 일등공신
통일벼

해방 이후 한국 사회는 전쟁을 비롯한 혼돈의 시기를 거치게 된다. 이를 틈타 군부세력이 1961년 5월 16일 쿠데타를 일으키고 정권을 장악하게 된다. 그 직후 군사정권은 민주당 정권이 짜놓았던 경제개발 5개년 계획을 토대로 1962년 1월 제1차 경제개발 5개년 계획을 발표한다. 당시의 계획안을 살펴보면 어떤 틀에 따라 농업이 변화할지에 대한 맥을 잡을 수 있다. 경제개발 5개년 계획의 가장 큰 목표는 공업화와 근대화라고 정의할 수 있다. 이를 위해 농업에는 디딤돌의 역할이 주어진다. 즉, 공업화를 위한 노동력의 공급과 그들의 양식을 생산하는 기지로 개발되는 것이다. 그래서 1차(1962~1966)와 2차(1967~1971) 계획안을 통해서는 그 역할을 수행할 수 있는 기반으로 수리시설의 확충과 경지정리의 확대, 농약과 비료의 원활한 공급, 다수확의 신품종 개발과 보급, 새로운 농사기술의 연구와 지도사업이 강조된다. 그런데 이 내용은 어디서 많이 들어본 이야기 아닌가? 그렇다. 앞서 언급했던 일제의 산미증식계획과 완전히 닮았다.

일제강점기에 식량의 증산을 위해 일본의 도입품종을 우량품종으로 열을 올려 보급했던 것처럼, 3차(1972~1976) 계획안으로 가면 한국인에게 아주 익숙한 이름이 등장한다. 바로 통일벼다.

식량증산을 위하여 통일(IR-667) 등 신품종의 보급을 크게 확대하고 이에 따른 지도 계몽을 강화한다. 또한 벼 집단재배는 증산에 좋은 성적을 거두고 있으므로 이를 계속 장려하고, 헥타르당 시비량을 1970년의 160kg 수준에서 220kg 수준으로 증대시키고, 지력을 보강하기 위하여 석회석 규산질비료 공급도 계속 늘이며, 비료공급체계를 개선하여 보다 원활한 공급을 기한다. 농약공급의 증대와 방제면적을 확대시키되 종류의 단순화와 질적 향상으로 방제효율을 높이도록 한다.[18]

통일벼는 한국의 녹색혁명을 달성하고 공업화를 완수하는 데 지대한 공을 세운 품종으로 기억되고 있다. 당시 세계는 품종을 개량하여 식량 생산량을 늘리는 일에 몰두하고 있었다. 미국의 개발 이론가들은 먹을거리를 풍족하게 제공하여 절대적 빈곤을 해소하면 산업화를 위한 기본 자원을 확보할 수 있을 뿐만 아니라, 농민들에게 공산주의 사상이 퍼지는 것을 막을 수 있다고 생각했기 때문이다. 이른바 녹색혁명으로 적색혁명을 막는다는 논리였다. 록펠러 재단이 멕시코에 세운 국제밀옥수수연구소(CIMMYT)의 연구자인 노먼 볼로그(Norman Borlaug) 박사가 기존 품종보다 키가 작은 밀 품종을 개발하는 데 성공하면서, 개발도상국의 식량난을 해결한 공으로 1970년 노벨평화상을 수상했다는 건 이제는 잘 알려진 사실

18   "기록으로 보는 경제개발 5개년 계획"에서 인용.

이다. 키 작은 밀을 육종할 때 활용한 밀이 일본의 농림10호라는 품종인데, 이 품종은 1905년 조선에서 수집한 앉은뱅이밀을 이용해 육종한 것이라고 한다. 그러니까 식량문제의 해결에 지대한 공헌을 한 노먼 볼로그의 소노라 64호라는 밀 품종의 유전자에는 거슬러 올라가보면 한국의 앉은뱅이밀의 유전형질이 녹아들어가 있는 셈이다.

1960년대에는 필리핀에 국제미작연구소(IRRI)가 세워지며 벼의 품종을 개량하는 일이 활발해진다. 통일벼의 아버지라 불리는 허문회 박사가 벼의 육종을 연구하고자 이곳을 찾은 건 1964년의 일이었다. 그는 2년 동안 이곳에서 벼의 품종개량 연구에 참여하게 된다. 그는 키가 작은 인디카 계통의 다수확 품종을 한국에 도입하고자 고민하다, 인디카와 자포니카를 먼저 교배한 뒤 그것을 다시 다른 인디카 품종과 교배하여 새로운 품종을 육종하는 방법을 고안한다. 원래 인디카와 자포니카를 교배하면 노새처럼 후손을 낳지 못하는, 즉 씨앗을 맺지 못하는 경우가 대부분이라고 한다. 그런데 그러한 문제를 피할 수 있는 길을 발견한 것이다. 이것이 바로 한국에서 통일벼가 된다.

사실 통일벼 이전에도 군사정권에서 보급을 추진하던 벼 품종이 있었다. 바로 박정희 대통령의 이름을 딴 희농(熙農) 1호이다. 이 벼는 원래 이집트에서 재배하던 자포니카 계통의 쌀인 나다(Nahda)라는 품종인데, 중앙정보부에서 식량 증산의 막중한 목적을 위해 한 가마니를 몰래 한국으로 밀반입시켰다는 뒷이야기가 있다. 하지만 희농 1호는 이집트에서나 다수확의 쌀이었을 뿐, 한국에서는 기후와 풍토가 맞지 않아 시험재배에서 참담한 성적을 거두고 곧 폐기된다. 이후 박정희 대통령은 어떠한 벼 품종에도 자신의 이름을 붙이지 않았다는 야사가 있다.

이러한 사정이 있는 마당에 다수확이 가능한 벼를, 그것도 국내의 연구자가 개발했다는 소식은 얼마나 반가웠겠는가. 당장 농촌진흥청에서는 이 벼를 가져다 육성한 뒤 1970년대부터 통일벼라는 이름으로 전국의 농가에 보급하기 시작했다. 통일벼는 기존 품종들보다 평균 30% 가까이 높은 수확량을 올렸다고 한다. 하지만 일각에서는 밥맛이 없는 쌀이라며 꺼리기도 했다. 나이가 좀 있는 사람이라면 '정부미'의 악명을 기억할 것이다. 농촌에서 어린 시절을 보내던 난 서울에 놀러 가 식당에 들어갔다가 정부미로 지은 밥을 받고 맛이 없어 다 먹지도 못했던 기억이 난다. 이러저러한 이유로 농민들 중에는 통일벼를 재배하지 않으려 하기도 했는데, 당시 사회 분위기에 밀려 어쩔 수 없이 통일벼를 재배할 수밖에 없었다. 통일벼를 재배하지 않으면 동네에서 빨갱이로 몰리기도 하고, 심지어 지도원이 찾아와 다른 품종의 벼를 심은 못자리를 짓밟아버리는 일도 있었다니 말이다.[19] 아마 모르긴 몰라도 통일벼를 강압적으로 보급하는 과정에서 그나마 남아 있던 여러 토종 벼들이 더욱 사라졌을지도 모르는 일이다.

이런저런 우여곡절이 많았지만, 1970년대 중반에는 통일벼 계통의 유신, 조생통일, 통일찰, 밀양21호, 밀양23호 등이 한국 각지의 기후와 풍토에 맞춰 개발되어 보급되었다. 그리고 1977년, 정부에서 '녹색혁명 성취'를 선언하기에 이른다. 국가 주도의 강력한 보급사업으로 1977년 당시 한국에서 생산한 벼 가운데 약 75% 이상이 통일 계통이었다고 한다. 통일벼가 아니면 추곡수매조차 해주지 않으면서 보급에 열중한 결과이다.

---

19   1975년 3월 28일자 동아일보에 "일부 지방 통일벼 재배 강요"라는 제목의 기사를 보면, 당시 농민들 가운데 "통일벼는 수확량이 많은 것은 사실이나 일반 벼보다 다비성인 데다가 일손이 더 많이 가고 보온못자리 등의 자재비용이 더 추가되고 있어 일반 농가에서는 통일벼 재배를 꺼리는 경향도 있다. 그뿐만 아니라 지난해의 경우 통일벼 재배면적을 확대한 결과… 단보당 수확량이 오히려 8kg 감수되는 결과를 초래했었다"라는 내용이 나온다. 이 외에도 통일벼 재배를 강권한 여러 기사들을 찾아볼 수 있다.

그런데 생각해보라. 전국의 많은 논에서 통일 계통의 벼를 재배하면 어떤 일이 발생하겠는가? 우리는 이미 앞에서 유전적 다양성이 획일화되며 발생한 비극을 여러 번 이야기했다. 이렇게 하나의 품종이 널리 재배되어도 아무 문제가 없을까? 비슷한 계통의 유전자가 논에서 성행하니, 아니나 다를까, 그에 따른 병해충도 기승을 부리기 시작했다고 한다. 1978년부터 계속해서 도열병을 비롯한 각종 병해충으로 통일벼의 수확량이 감소하기 시작했다. 그러다 결정적으로 1980년 봄, 이상저온 현상으로 인해 통일벼의 신화는 막을 내리게 된다. 통일벼는 인디카 계통이라 추위에 약하다는 단점이 있었다. 그래서 예전의 벼 품종과 달리 못자리도 특별히 비닐을 이용해 터널을 만들어줘야 할 정도였다. 1970년대 통일벼를 재배하는 내내 기온 저하에 민감한 반응을 보이곤 했다. 그런데 이상저온 현상으로 아예 통일 계통의 벼농사가 폭삭 망해버리는 참담한 결과가 발생한다. 권위주의 정부에서 하나의 품종만 강압적으로 보급한 결과, 쌀 자급 100%라는 목표를 일시적으로 달성할 수 있었으나 유전적 획일성으로 인해 대흉작이란 재앙을 불러온 셈이다.

농업과 농촌의 발전인가, 아니면 쇠퇴인가

경제개발 5개년 4차(1977~1981) 계획안에서는 경제개발 5개년 계획이 농업보다 공업에 중점을 두고 진행되었다는 사실을 솔직하게 토로하는 부분이 나온다.

우리나라가 높은 인구밀도와 제한된 토지자원으로 산업구조의 낙후성을 탈피하고 생활수준을 향상하기 위하여는 농업 중심의 산업정책보다는 공업화에 주력하지 않을 수 없었다. 그러나 협소한 국내시장을 대상으로 하는 내수산업 중심의 공업화로는 팽대한 노동력 인구를 취업으로 흡수할 만한 높은 성장률을 유지할 수 없고, 자원재의 부족으로 인한 국제수지의 악화를 초래하므로, 우리 인력을 바탕으로 하여 세계의 시장과 자원을 활용하는 수출지향적인 공업화 전략을 선택하게 되었다.

60년대부터 꾸준하게 식량의 증산으로 자급을 이루기 위해 신품종

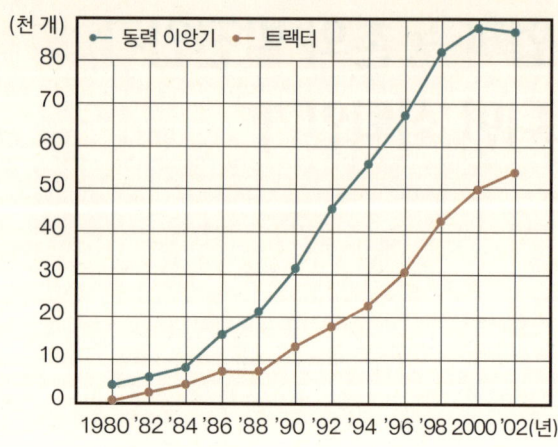

전남 지역의 벼농사 농기계 보급(두산백과사전 참조)

을 개발해서 보급하고, 농약과 비료 같은 농자재의 공급을 대폭 늘리고, 수리시설을 확충하고 경지정리를 진행하여 기계화를 촉진하고자 했던 모든 노력이 기실 농업과 농민을 위한다기보다 공업화를 위함이었다는 사실을 보여주는 대목이다. 공업화가 곧 농업과 농민을 위한 일이었다고 항변할 수도 있다. 하지만 쌀을 중심으로 노력을 기울인 결과 쌀의 자급률만 높아졌지 기타 곡물들의 자급률은 점점 바닥을 치게 되었다. 미국의 무상 원조물자로 밀가루와 옥수수가 공급되면서 그나마 존재하던 한국의 밀과 옥수수 농사가 쇠락했다는 건 이미 잘 알려진 사실이다. 또 공업화와 도시화가 급속히 진행되면서 이농 현상도 빠르게 진행되어 우수한 인재들이 대거 농촌을 떠나게 된다. 그리고 정부에서 적극적으로 쌀의 증산을 중심으로 한 농업정책을 펴는 까닭에 쌀 이외의 소득작물이 제대로 개발되지 못하고, 정부의 이중곡가제와 같은 제도로 이와 같은 현상이 더욱 심화되었다. 그 결과 시간이 갈수록 도시와 농촌의 소득격차가 벌어지게 만들고, 더 많은 사람들이 농촌을 버리고 도시로 이주하게 되었다.

4차 계획안의 내용 가운데 기존의 계획안과 크게 다른 점으로 농업의 기계화를 촉진한다는 대목이 눈에 띈다. 이러한 기조는 5차(1982~1986) 계획안에서도 그대로 이어져, 특히 경지정리가 완료된 지역을 중심으로 농기계를 중점적으로 보급하는 데 역점을 두었다.

50쪽의 그래프를 보면 1986~1988년을 기점으로 농기계의 보급이 폭발적으로 증가하는 것을 확인할 수 있다. 농기계의 보급이 활발해졌다는 것은 돌려 생각하면 공업화에 따른 이농현상의 심화로 그만큼 노동력이 부족해졌다는 반증이기도 하고, 또 농민들이 농기계를 구입하며 저리로 융자를 받았다 해도 부채가 증가했을 가능성이 높다. 사람들이 농지를 버리고 떠나니 남은 사람은 농사를 규모화하고, 그러다 보니 부족한 노동력을 보충하기 위해 농기계가 필요해지고, 이런저런 농기계를 갖추려고 하니 빚은 점점 늘어났다. 그런데 농산물 가격은 계속 그 자리에서 맴도니 늘어나는 생산비를 감당하기 어려워져, 다시 이를 갚기 위해 농사의 규모를 늘리는 악순환의 구조가 계속된다.

이 모든 일이 5차에 걸친 경제개발 5개년 계획안에서 추진한 농업정책의 방향성으로 추동되었다는 건 부인할 수 없는 자명한 사실이다. 산업화의 바람이 불어오면서 과연 농촌은 예전보다 더 살기가 좋아졌을까? 나는 80년대 중·후반을 농촌에서 자랐지만, 당시는 너무 어렸기에 자세한 사정은 잘 모르겠다. 그저 기억이 나는 건 학교에 가면 누가 서울로 전학을 갔다며, 그렇게 떠날 수 있는 사람은 모두 도시로 떠나는 것이 일상이었다는 기억뿐이다. 아무튼 농사로 돈을 벌기 위해서는 규모화를 추진하든지, 경제작물의 경우에는 시설비를 투자하여 집약화해야 했다. 그러한 과정을 거치면서 한국 농촌의 논밭에서는 더 많은 토종 씨앗들이 자기의 살 곳을 잃고 퇴비더미에 버려지거나 소죽에 들어가게 되었을지 모른다.

최초의
토종 씨앗 수집

5차 계획안 가운데 주목할 부분이 또 있다. "경제작물은 수급의 균형을 달성하기 위하여 계획생산을 유도하고, 기술개발과 우량품종의 개발로 상품성 및 생산성을 제고"한다는 것이다. 기존 쌀과 보리를 중심으로 한 양곡만이 아니라 환금작물이라고도 불리는 경제작물의 영역에서도 신품종을 개발하여 보급하는 일을 시작하겠다는 뜻이다. 그 일환이었는지 어땠는지 확인할 길은 없지만 한국에서 유전자원, 즉 씨앗에 주목하기 시작한 것도 공교롭게도 그 무렵부터였다.

1985년 유전자원과가 만들어진 당시 (농촌진흥청에) 보관 중이던 종자는 모두 3만 3000점 정도였어요. 그 종자들은 당시 각 시험장에서 시험 중이거나, 품종보존 시험구에서 수확하여 1~3년을 원시적인 방법으로 틈이 벌어진 저장고에 제습기를 가동하며 보존하던 것이거나, 실온상태로 보존되고 있던 종자들이 많아 활력이 낮거나 죽은 종자들도 있었지요. (중략) 그러고 나서 '지금 가장 중요한 게 무얼까?' '무슨 일부터 해야 할까?' 생각하다가 '토종이다. 우리나라 종자부터 수집해야겠다'는 생각을 한 거야. 그때 농촌진흥청에 농촌지도국, 시험국, 기술보급국이 있었는데, 지도국에는 전국적으로 8천 명의 지도원이 있었어요. 그래서 내가 뭘 생각했냐면, '이걸 내 발로만 뛰어서는 안 되니까. 이 사람들을 동원해야겠다'고 생각한 거야. 유전자원을 어떻게 수집하는지에 대한 책자도 만들고, 수집 봉투도 한 2만 5천장 만들어서 전국적으로 돌렸죠. 그때 그렇게 1만 733점 정도를 수집했어요.[20]

안완식 박사와의 인터뷰에 의하면, 한국 최초의 토종 씨앗 수집이 1985년에 이루어졌다고 한다. 늦다면 늦고, 그나마 더 늦지 않아서 다행이라고 할 수 있다. 1년 사이에도, 아니 하루 사이에도 어딘가에서는 토종 씨앗이 사라지고 있을 수 있기 때문이다. 이 글을 쓰고 있는 지금 이 순간에도 말이다. 더욱 관심을 끄는 것은 이후의 내용이다.

그러고 나서 8년 후인 93년에 그때 수집했던 똑같은 동네에 가서 똑같이 수집을 해봤어. 그렇게 보니까 24% 정도만 남았더라고. 8년 동안 76%가 없어진 거야. 그러니까 얼마나 빨리 없어졌다는 거야. 전부 서울로, 서울로 가니까 시골에는 노인들밖에 없고, 노동력도 부족하고 하니까 안 심고 없어진 거야. 그 후에도 2000년에 또 조사해봤는데, 그때만큼 급격하진 않지만 또 12% 정도 없어졌어. 지금은 가봐야 (토종 씨앗이) 많지 않아요.[21]

20   안완식 박사 인터뷰, 2008년 8월.

1985년부터 1993년 사이 기존에 수집했던 지역 가운데 6곳을 표본으로 정해서 재조사를 하니 85년 당시 수집했던 씨앗 가운데 76%가 소멸되었다는 것이다. 참으로 엄청난 비율이 아닐 수 없다. 농사가 상업화되기 이전이었던 1900년대 초반으로 거슬러 올라가보면 어떻게 될까? 이를 짐작할 수 있는 귀한 자료가 하나 있다. 그것은 일제강점기에 보고된 『조선 벼 품종일람(朝鮮稻品種一覽)』이란 보고서이다. 여기에는 1911~1913년 사이 조선 팔도에서 수집한 벼의 품종명이 정리 및 수록되어 있는데, 모두 1,451가지의 품종명이 등장한다. 물론 당시 수집한 품종들을 과학적으로 꼼꼼하게 따져보면 그중에는 이름만 다르지 같은 품종인 것도 있었을 테고, 또 지역마다 동명의 품종이 눈에 띄기도 한다. 하지만 확실한 건 전국 각지에서 그렇게나 많은 종류의 벼를 재배했다는 사실이다. 크게 논벼와 밭벼로 분류하고 다시 그를 메벼와 찰벼로 나누고 있는데, 논벼 가운데 메벼가 876품종, 찰벼가 383품종이고, 밭벼는 메벼 117품종, 찰벼 75품종으로 모두 1,451가지의 품종명이 나타난다.[22]

그런데 지금은 어떠한가? 국립종자원의 자료에 의하면, 2016년 현재 정부의 보급종으로 선정되어 전국에 보급되고 있는 벼의 품종은 모두 22가지이다.[23] 여기에 더해 목록에 선정되지는 않았지만 이전에 장려품종이었던 것들과 어딘가에서 아직까지 살아남아 재배되고 있을지도 모를 일부 토종 벼들을 포함하면 많아야 30~40가지 정도의 품종이 재배되고 있지 않을

---

21   같은 인터뷰.
22   조선총독부 권업모범장, 『조선 벼품종일람(朝鮮稻品種一覽)』, 수원, 1913.
23   참고로 현재 국립종자원을 통해 신청할 수 있는 벼의 품종은 오대, 운광, 고시히카리(이상 조생종), 삼덕, 하이아미, 맛드림, 대보(이상 중생종), 새누리, 신동진, 칠보, 영호진미, 미품, 추청, 일품, 동진찰, 삼광, 일미, 대안, 황금누리, 새일미, 백옥찰, 수광(이상 중만생종) 등이다. 국립종자원, 정부보급종 품종안내 참조.

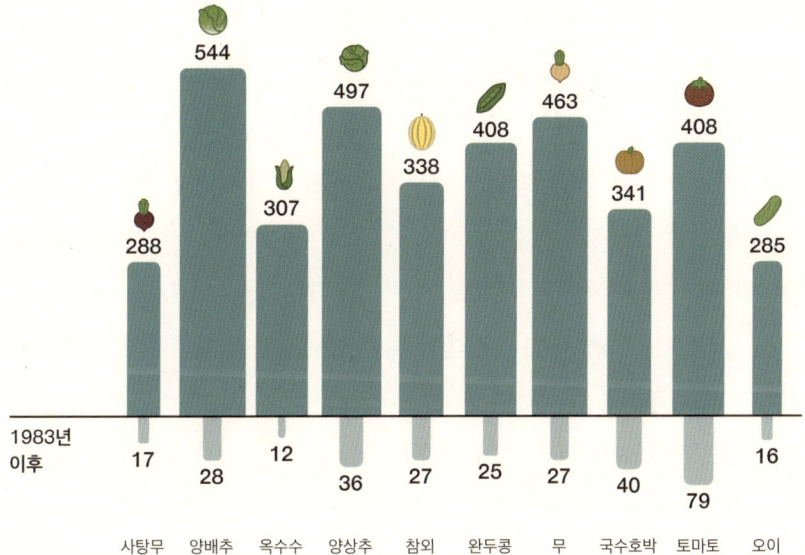

작물다양성의 감소를 보여주는 자료. 토종 씨앗의 소멸은 산업화를 겪은 곳에서 공통적으로 나타나는 현상이다. 미국의 사례인 이 자료를 보면 산업화가 진행됨에 따라 작물별로 대략 70~80%의 비율로 품종의 수가 줄어드는 것을 볼 수 있다. (Rural Advancement Foundation International 참조)

까 싶다.[24] 1900년대 초반 1,400여 가지의 벼가 재배되던 땅에서 110년의 시간이 지난 지금은 50여 가지로 그 품종의 수가, 즉 품종의 다양성이 줄어든 셈이다. 소극적으로 잡아도 약 90~95% 정도의 벼 품종이 한국에서 사라졌을 것 같다. 그나마 불행 중 다행인 것은 농촌진흥청의 종자은행에 일제

24   농촌진흥청에 요청하여 2016년 벼 품종별 재배면적 자료를 확인한 결과, 새누리(23.9%), 신동진(9.6%), 추청(9%), 삼광(7.5%), 일품(5.9%), 운광(5.5%), 새일미(4.9%), 대보(4.5%), 황금누리(4.5%), 동진찰(3.3%), 오대(2.3%), 일미(1.8%), 호품(1.7%), 하이아미(1.4%), 고시히카리(1.2%), 대안(1.1%), 백옥찰(0.9%), 조평(0.9%), 영호진미(0.9%), 삼덕(0.8%), 기타(8.5%) 순이다.

강점기부터 수집된 토종 벼가 300여 가지 보관되고 있다는 사실이다. 이 품종들은 민간에도 분양이 되어 여기저기에서 다양한 목적으로 보존되고 있기도 하다. 흙살림에서 운영하고 있는 토종연구소는 그 대표적인 민간의 기관이다.

이러한 토종 벼를 포함한 여러 토종 씨앗들이 농촌진흥청에서 보전된 데에는 잘 알려지지 않은 우여곡절이 있었다고 한다. 특히 한국전쟁 기간에 모진 풍파를 이기고 씨앗을 지킨 이야기는 소련 바빌로프 연구소의 사례 못지않은 감동이 있다. 앞에서 잠깐 이야기했던 니콜라이 바빌로프 박사가 세계 각지를 조사하며 수집한 다양한 씨앗들이 레닌그라드에 있는 바빌로프 연구소에 보관되어 있었다고 한다. 그런데 1941년 9월, 독일군에 의해 레닌그라드가 봉쇄된 뒤 연구소에서 일하던 50여 명의 연구원들이 그 씨앗들을 굶어 죽어가면서 지켰다는 이야기는 인구에 회자되는 유명한 일화이다. 그와 유사한 일이 한국에서도 있었다고 한다.

"작물을 육종하고 연구하던 연구원들은 전부터 품종의 중요성을 알고 있었기 때문에, 1945년 광복을 전후하여 6.25 동란의 격동기에도 전쟁이 일어났다는 급보를 듣고 품종보존포에 나가 이삭을 땄다. 그래서 지금까지도 그때의 품종들을 보존할 수 있었다. 1950년 9월28일 서울을 수복하고 몇 개월 뒤 다시 후퇴가 불가피해지자 볍씨 약 1000품종, 일부 주요 계통 40종 등을 대구에 있는 경북시험장으로 소개하고 1.4 후퇴를 맞았다고 한다. 한편 맥류는 1.4 후퇴 당시 피난길에 부산으로 소개하였다가 이후 다시 수원의 시험장에 가져와 중요한 품종들을 보존할 수 있었다."[25]

25 농촌진흥청 유전자원과, 『유전자원 연구 20년』, 농촌진흥청, 2007, 17-18쪽.

이 이야기를 읽는 내내 가슴이 조마조마했다. 당시 연구원들의 숨은 노고가 있었기에 그때 보관하던 종자를 지금도 농촌진흥청의 종자은행에서 찾아볼 수 있으니 그분들에게 감사의 인사를 드리고 싶다.

그래도 살아남은
토종 씨앗

 자작농이든 남의 농사에 품을 팔거나 소작농의 삶을 살든 시장에 내다 팔 목적으로 짓는 농사와 달리, 집에서 먹을거리의 농사는 텃밭 등에서 자급을 하곤 했다. 지금도 농촌에 가면 할머니들은 그러한 목적으로 텃밭 농사를 짓곤 한다. 할머니들의 텃밭은 작지만 여러 종류의 제철 작물이 재배되는 먹을거리의 창고 같은 역할을 한다. 한창 채소가 많이 나는 때에는 그냥 텃밭 한번 돌며 이것저것 따다가 쓱쓱 무치면 반찬이 뚝딱 만들어진다. 할머니들이 얼마나 아기자기하고 꼼꼼하게 농사를 짓는지 보고 감탄을 마지 않게 되는 그런 텃밭들도 많다. 또 어떤 텃밭은 아름다운 정원보다 잘 가꾸어진 모습도 볼 수 있다. 그렇게 집에서 먹을 용도로 농사짓는 텃밭에서는 주로 본인이 계속해서 씨앗을 받아서 쓰곤 해왔다. 굳이 비싼 돈을 들여 신품종 씨앗을 사다가 심지는 않았을 터이다. 물론 최근에는 농약방 등에서 신품종 씨앗을 사다가 심는 경우도 많아졌지만, 할머니들과 대화를 해보면 과거에는 그냥 집에서 받아서 쓰는 경우가 대부분이었다. 그리고 씨앗이 없으면 이웃에게서 얻어다 심거나 하는 관습도 있었는데, 이는 최근까지도 농촌에서 흔하게 볼 수 있는 풍경이었다.

　　재미난 건 가까운 일본에도 이러한 관습이 있다는 사실이다. 일본 속담에 "거저 얻은 씨앗은 싹이 나지 않는다"라든지 "거저 얻은 씨앗은 열매가 맺지 않는다"라는 말이 있다고 한다.[26] 한국에서도 무언가를 얻으면 꼭 답례를 하는 것이 인지상정 아닌가. 이 밖에도 "종자를 나누는 건 인간관계의 증표이다"[27]라고 말하는 노농의 이야기는 한국인들의 정서와 똑같다. 이러한 정서는 농사짓는 사람들의 공통된 것일까? 한 농부의 아버지는 이런 말을 했다고 한다. "종자는 남의 집에 나누어 주는 것이다. 나누어 주면 종자가 돌아오게 되어 있다"[28]고 말이다. 종자는 나누는 것이란 이야기는 한국의 농부들에게 들었던 내용과도 일맥상통한다. 이를 통해 볼 때 씨앗이라는 것은 한국과 일본을 막론하고 사고파는 물건이 아니라 서로 나누는 것이었음을 알 수 있다.

　　일본의 농사 속담에는 "씨앗은 세 알을 심는다. 한 알은 신에게 바치고, 한 알은 사람이 먹고, 나머지 한 알은 새에게 준다"[29]는 매우 흥미로운 속담이 있다. 이와 마찬가지로 한국에도 "한 알은 새가 먹고, 한 알은 벌레가 먹고, 한 알은 사람이 먹는다"는 말이 있다. 현대의 농업에서는 새나 벌레에게 씨앗과 열매가 먹히는 것을 최대한 막기 위하여 갖은 노력을 기울인다. 씨앗에 새가 먹으면 죽는 약을 바르거나, 새를 쫓기 위해 대포소리를 내

26　　마스다 쇼코(増田昭子), 『재래작물을 이어가는 사람들(在来作物を受け継ぐ人々)』, 2013, 17쪽.
27　　위의 책, 같은 쪽.
28　　위의 책, 18쪽.
29　　위의 책, 27쪽.

거나, 벌레를 쫓고 죽이고자 살충제를 치고, 심지어 제초제로 작물 이외의 식물은 논밭에서 모조리 쫓아낸다. 과거의 농민들은 그러한 수단이 없었기 때문에 일찌감치 포기한 것일까? 그러한 체념을 신에게 바치고, 새와 벌레에게 바친 뒤 남는 걸 인간이 먹는다고 표현한 것일까? 그것도 아니면 우리와는 무언가 차원이 다른 세계를 살고 있었던 것일까? 정확히 알 길은 없지만 현대를 사는 우리와는 삶의 태도가 달랐던 것 같다.

서두에 밝힌 것처럼, 나는 2008년부터 강화·울릉·제주를 시작으로 2012년까지 괴산군과 곡성군, 여주군에서 안완식 박사와 함께 토종 유전자원 수집단의 일원으로 토종 씨앗을 조사하고 수집한 바가 있다. 당시의 활동으로 강화·울릉·제주에서 460점,[30] 괴산에서 310점, 곡성에서 348점, 여주군에서 163점의 토종 씨앗을 만나 수집할 수 있었다. 전체 농가에서 재배하는 작물의 재배면적에 비하면 토종 씨앗을 보유하며 재배하는 비율은 극소수에 지나지 않지만, 조사를 다니며 아직도 토종 씨앗이 살아남아 있다는 사실을 확인할 때마다 너무 반갑고 놀라울 때가 많았다.

특히 토종 씨앗이 이른바 '할머니'라 불리는 여성농민들에 의해서 보전되고 있는 점이 매우 흥미로웠다. 젊은 여성 또는 남성에 의해 보전되고 있는 경우도 없지는 않았으나 대부분의 경우 할머니가 씨앗을 보전하는 주체였다. 아래와 같이 수집 활동을 정리한 통계자료에서도 이는 확연하게 드러나는 사실이다.

---

30 자세하게는 강화군에서 43작물 295점, 울릉군에서 24작물 49점, 제주특별자치도에서 42작물 116점을 수집했다. (사)한국토종연구회, 『작물 토종 유전자원 수집』, 농촌진흥청, 2009.

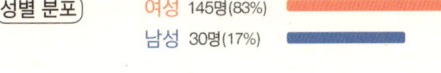

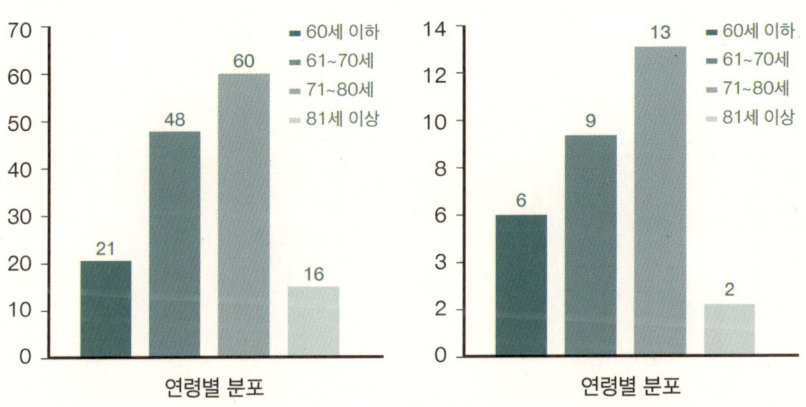

강화, 울릉, 제주에서 토종 씨앗을 수집한 농민의 성별, 연령별 분포. (작물 토종 유전자원 수집』, 농촌진흥청, 2009 참조)

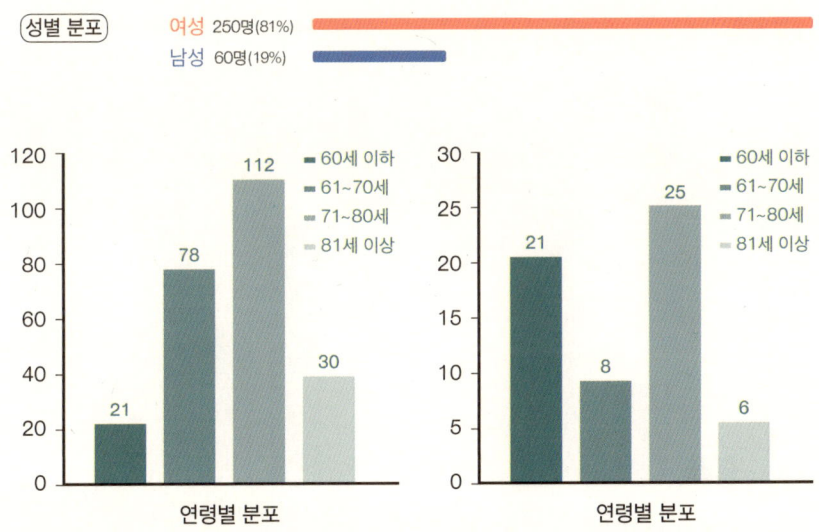

괴산군에서 토종 씨앗을 수집한 농민의 성별, 연령별 분포. (『괴산군 작물 토종자원 도감』, 흙살림, 2010 참조)

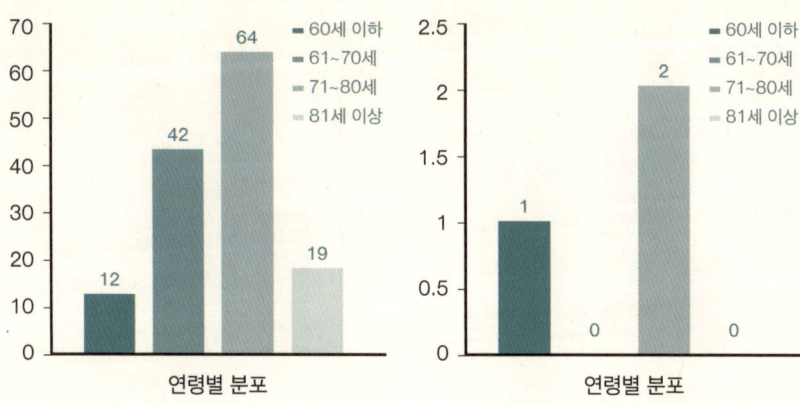

곡성군에서 토종 씨앗을 수집한 농민의 성별, 연령별 분포. (『곡성군 작물 토종자원 도감』, 곡성군, 2013 참조)

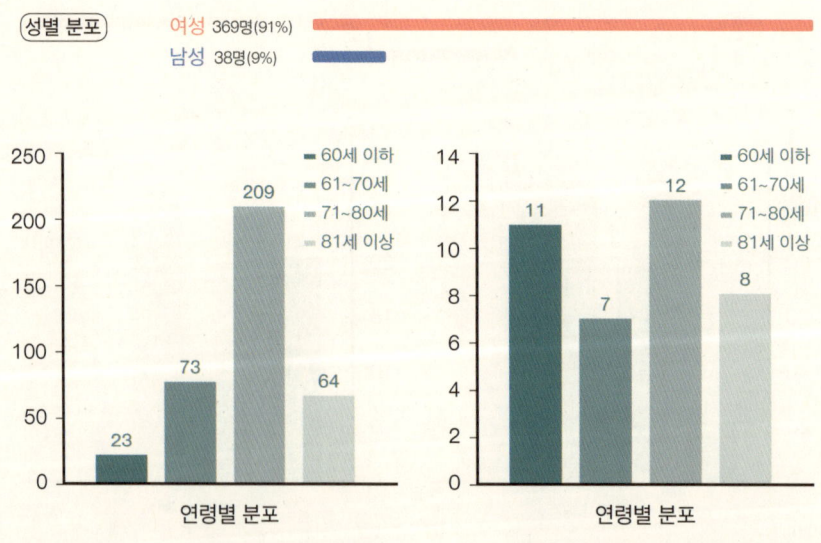

완주군 토종 씨앗 수집 현황. (완주군 토종자원 수집 결과. 자료 제공 안완식 참조)

토종 씨앗을 얻은 농가에서 이야기를 들으니 남성의 경우에는 주로 외적인 일인 농경지 정리, 가축 돌봄이나 농기계 정비, 쟁기질 등의 농사일에 힘쓰는 경우가 많은 반면, 여성은 밭일의 대부분을 담당하는 것을 알 수 있었다. 그러니까 밭일의 경우 씨앗을 갈무리해서 보전하고 그걸로 다시 이듬해에 심고 가꾸고 거두는 일의 대부분을 여성이 담당하는 사례가 많았다. 그러니까 심하게 이야기해서 '토종 씨앗은 여성농민, 특히 할머니와 운명을 함께한다'고 말할 수 있을 정도다. 이들 여성농민을 토종 씨앗 지킴이라 불러도 아무 문제가 없다.

토종 씨앗 지킴이,
할머니들

 토종 씨앗을 수집하러 농촌을 찾아가면 할머니들이 반갑다. 저 멀리 100m 밖에서도 할머니만 보이면 "할머니!" 하고 소리치며 달려가게 된다. 씨앗을 수집하러 농가를 방문하는 것이 낮 시간이라 대부분 논밭으로 일하러 나가실 때가 많기에 사람을 만나는 일이 가장 귀하고, 특히 할머니들만 만나면 토종 씨앗이 하나라도 나오기에 더욱 그렇다.

 할머니들은 젊은 남성이 소리치며 달려오면 멀리서 한참을 쳐다보신다. 이 촌에 어인 남자인가, 혹시 내 손주가 찾아와서 부르는 것인가 하여 그러실 때가 많다. 할머니와 만나면 우선 여기까지 이렇게 찾아온 자초지종을 말씀드린다. 그러면 처음에는 대부분 손을 내저으시며 "나는 그런 거 몰라. 가서 할아버지한테나 물어봐" 하시곤 한다. 그래도 포기하지 않고 계속 파리처럼 달라붙어야 한다. 이때 가장 좋은 건 콩이나 팥 씨앗에 대해 묻는 것이다. 어느 집이나 콩이나 팥은 꼭 1~2가지 정도 토종 씨앗을 재배하고 있을 가능성이 높기 때문이다. 이러한 잡곡들은 씨앗을 받기 위해 굳이 수고를 더하지 않아도 수확을 하면 그것이 곧 씨앗이 되는 수월함 때문이기도 하다. 할머니에게서 반응이 오면 기회를 놓치지 않고 말을 이어간다. "할머니 제가 나중에 이 일 거들어드릴게요" 하는 말이라도 건네면 할머니들은 못 이기는 척 집으로 가자고 말씀하신다. 나중에 정말 거들어드릴 때도 있지만, 그러지 못하더라도 할머니들은 바쁜데 어서 또 다른 데 가보라며 이해해주시기도 한다.

한편 할아버지들은 할머니들과 사뭇 다른 반응을 보이셔서 당황스러울 때가 많다. 할아버지들은 일단 의심하신다. 이놈들이 무엇을 훔치러 온 놈들이 아닌가 경계심을 놓지 않고 하나하나 캐묻는다. 그도 그럴 것이 요즘 농촌에 좀도둑이 얼마나 많은가? 하도 농산물 절도가 빈번하여 평창군에서는 경찰서 마당을 농민들에게 빌려주어 그곳에서 고추를 말리는 진풍경까지 연출되고 있다. 그러니 할아버지들의 낯선 이에 대한 경계는 충분히 이해가 간다. 할아버지들의 질문은 매우 날카롭다. 무얼 하는 사람들이냐, 어디서 나왔느냐, 그렇다면 어디서 나왔는지 증명할 자료는 있느냐 등등 조서를 작성하듯이 꼼꼼하게 물으신다. 그 시험에서 통과하면 이제 수집단의 이야기를 들으시는데, 돌아오는 답은 이렇다. "씨앗? 그런 건 할머니들이 잘 알지. 가서 할머니에게 물어봐, 여보!"

우여곡절 끝에 할머니와 함께 집에 도착하면 눈을 크게 뜨고 곳곳을 주도면밀하게 관찰해야 한다. 물론 대놓고 뒤지면 도둑이나 다름없으니 지나가는 길에 쓰윽 매서운 눈초리로 확인, 확인, 또 확인해야 한다. 텃밭에는 어떤 작물들이 자라고 있는지, 또 퇴비간에는 어떤 작물의 부산물이 버려져 있는지, 처마 밑이나 마루에는 어떤 수확물이 매달려 있고 놓여 있는지, 창고는 어디이며 혹시 대화를 풀어나가기에 좋을 만한 이야깃거리는 보이지 않는지, 집 안 구석구석에 특이사항은 없는지 말이다. 이러한 관찰은 토종 씨앗을 수집할 때 매우 중요하다. 이 일에 익숙해지면 나중에는 지나가며 집만 보아도 저 집에 토종이 있을지 없을지 판단할 수 있는 반 점쟁이가 다 된다. 요즘 한창 '셜록'이라는 외화가 유행인데, 거기 등장하는 셜록 홈즈의 관찰력이 토종 씨앗을 수집할 때도 긴요하다.

할머니가 가장 흔한 콩이나 팥 씨앗을 내오시면, 그것이 참 예쁘고 좋아서 그럴 때도 있지만 그렇지 않아도 씨앗 칭찬을 실컷 하는 편이 좋다. 농사짓는 사람에게 씨앗 칭찬은 자식 칭찬과 다를 바가 없다. 기분이 좋아진 할머니가 기다려보라며 장독대로 가서 장독 뚜껑을 열어 페트병에 든 씨앗을 가져 오시기도 하고, 신발장 위에 신문지로 꽁꽁 싸놓은 씨앗을 꺼내 오시기도 하고, 부엌 찬장의 유리병에 잘 갈무리해놓은 씨앗을 들고 오시기도 한다. 그렇게 씨앗을 보고 그에 대해 묻고 이야기를 듣다 보면 최고의 접대를 받기도 한다. 바로 믹스커피다. 믹스커피를 내오실 정도면 씨앗을 수집하러 왔다는 사람들에 대한 경계심이 모두 사라졌다는 뜻이기도 하다. 그때부터는 그냥 마루나 거실에 퍼질러 앉아서 농사 이야기며 살아오신 이야기까지 사흘을 들어도 모자랄 것 같은 이야기를 들을 수 있다.

토종 씨앗을 보전하고 계신 분들에게 씨앗을 얻으면서 "왜 토종 씨앗을 가지고 계신가요?" 하는 질문을 하곤 한다. 그러면 다양한 답을 하시는데, 대략 정리하면 다음과 같은 이유로 토종 씨앗을 보전한다고 하신다. 첫째, 맛이 좋다. 신품종을 구해서 심어보면 토종 같은 맛이 안 난다. 심지어 신품종은 맛대가리가 없다는 말까지 하신다. 둘째, 조상에게 받았다는 책임감이다. 이 씨앗들이 내 후대에 어떻게 될지는 몰라도 내가 물려받은 이상 나에게서 끊기게 할 수 없다는 사명감 같은 것이 있으시다. 셋째, 그냥 심던 것이니 계속 심는다. 일종의 습관처럼 씨앗을 받고 심고 가꾸고 거두는 일을 반복적으로 하시는 것이다.

한국의 소중한 토종 씨앗 지킴이들

　재미난 건, 할머니들이 시집을 올 때 혼수품으로 곡식의 씨앗을 가져오는 일이 많았다는 점이다. 할머니들에게 현재까지 보전하고 있는 콩이나 팥의 연원이 어떻게 되는지 묻는 과정에서 종종 들을 수 있는 말 가운데 시부모에게 물려받았다는 이야기 외에도 "이건 내가 시집올 때 가지고 온 것이지"라는 말이 있다. 이는 문화적으로 퇴화된 씨앗을 새롭게 고치는 행위일 수 있다. 신품종의 경우 그 품종의 능력이 퇴화되는 것에 맞추어 4~5년을 주기로 '종자갱신'이라는 걸 하기를 권장하는데, 과거 혼수품으로 다른 마을의 씨앗을 들여오는 일이 그와 비슷한 일일 수 있다는 것이다. 일종의 '새로운 품종'을 도입하는 것과 같은 셈이다.

　이러한 관행은 비단 한국에서만 나타나는 것이 아니다. 농경사회에서는 어디서나 찾아볼 수 있다. 예를 들어, 칠레의 한 섬에는 이러한 관행이 있다고 한다. 여성이 결혼을 할 때면 그 부모가 자신의 딸에게 집에서 재배하는 씨감자를 나누어 주어 시집을 간 딸에 의해 토종 감자가 보전된다는 것이다.[31] 농경사회의 풍습은 동서고금을 막론하고 비슷한 모습을 많이 찾아볼 수 있어 매우 흥미롭다.

---

31 Third World Network, *Agroecology: key Concepts, Principles and Practices,* Third World Network and SOCLA, 2015, p.18.

사고파는 씨앗

지금은 농약방이나 종묘상, 심지어 농협에만 가도 잘 포장되어 진열대에 놓인 판매용 씨앗들을 만날 수 있다. 포장지를 뜯어서 씨앗들을 꺼내 보면 알록달록 예쁘게 약품으로 코팅되어 있는 모습을 볼 수 있다. 농사가 처음인 사람들은 어쩜 씨앗 색깔이 그렇게 예쁘냐면서 묻곤 하는데, 물로 씻어내면 알 수 있듯 원래 씨앗은 그런 빛깔이 아니다. 예쁘게 코팅된 것들은 병해충을 막기 위해서 약품을 발라놓은 것이라고 하니 혹 새싹채소로 길러 먹으려는 분들은 주의해야 한다. 그러면 이렇게 씨앗을 사고파는 일은 언제부터 시작되어 어떠한 길을 지나왔는지 살펴보도록 하자.

한국에서 조선시대까지는 씨앗을 전문적으로 생산해서 유통했다는 기록을 전혀 찾아볼 수 없다. 그러니까 그 시절에는 대부분 집에서 씨앗을 받아서 이용했다고 추정할 수 있다. 이후 일제강점기에 드문드문 기록들이 나타나는데, 앞서 이야기한 것처럼 당시엔 곡식의 생산이 핵심이라 총독부 차원에서 벼와 주요 작물의 씨앗을 관리하고 보급했다. 곡식의 씨앗을 국가 차원에서 관리하는 일은 해방 이후에도 이어진다. 5대 식량작물로 꼽히는 벼, 콩, 보리, 옥수수, 감자의 경우 국가에서 새로운 품종을 개발하고 생산하여 농민들에게 저렴하게 보급하는 일을 계속하고 있다. 이는 나라의 식량 안보와 직결된 일이기 때문이다. 그래서 한국의 종자시장에서 이 작물들의 유통규모는 2005년 기준, 연간 약 500억 원으로 전체의 9%에 불과하다. 그만큼 농민들은 국가의 혜택을 받으며 농사짓고 있다고 할 수 있다. 그러한 혜택을 주어도 하나도 이상하지 않을 것이 이는 안보적 차원의 일이기 때문이다. 그에 반하여 채소의 경우에는 이야기가 달라진다. 채소 씨앗은 완전히 민간기업에서 개발과 생산 및 유통을 도맡아서 한다. 그만큼 시장 규모도 커, 연간 1150억 원으로 전체 5811억 원의 약 26%를 차지한다.[32]

그러니까 여기에서는 곡식이 아닌 채소를 중심으로 사고파는 씨앗에 대한 이야기를 풀어나갈 것이다. 곡식도 엄밀히 말하자면 판매가 이루어지고 있으나 국가에서 일정한 예산을 지원하는 공공재의 성격으로 유통된다고 할 수 있어, 순전히 상업적인 목적으로 판매가 되는 것은 주로 채소의 씨앗이기 때문이다.

---

[32] 한국채소종자산업발달사 편찬위원회, 『한국채소종자산업발달사』, 서울대학교출판부, 2008, 28-29쪽.

한국 채소 씨앗
판매의 역사

한국에 최초로 설립된 종자회사는 일제강점기로 거슬러 올라간다. 1916년 일본인이 세운 부국원이 그것이다. 이후 이에 자극을 받은 조선인들이 1920년대에 조선농원, 경성채포원, 우리상회 등을 세우고, 부국원의 사원이었던 요시자와란 사람이 1928년 현재의 명동에 경성종묘원을, 그리고 1937년에는 일본의 다키이(瀧井) 종묘가 조선에 지사를 설립한다. 이렇게 여러 종자회사가 설립되지만 그들의 영업활동을 들여다보면 지금과 같은 규모와 범위는 아니었다. 당시 주로 거래되던 채소는 김장거리인 무와 배추가 거의 전부였다고 한다. 아직 도시나 소비층이 성장하지 못하여 시장이 작고, 운송과 저장시설이 발달하지 못하고, 대부분이 농민이어서 직접 재배하는 일이 많았기에 유통되는 씨앗의 양은 그리 많지 않았다. 그나마 큰 도시였던 경성 인근에서 일산의 열무라든지, 뚝섬의 서울배추 등이 유명세를 떨쳤을 뿐이다. 당시 거래된 무와 배추의 품종은 주로 일본에서 수입한 궁중(宮重) 무와 중국에서 수입한 포두련, 지부 같은 결구배추와 직예와 화심, 산동 같은 반결구배추였다. 결구배추의 경우 토종 조선배추와 달리 속이 꽉 차고 맛이 있어 그 인기가 하늘을 찌를 정도였다고 한다. 또 일부 토종 무와 배추들도 거래가 되었다고 한다. 이는 조선인 종묘상들이 지역의 우수한 토종 무, 배추 씨앗을 농가에서 사들여 유통시켰기 때문이다. 그러니까 농가마다 자신들이 먹으려고 토종 채소로 농사짓는 일이 일반적이었다.

해방 이후에도 이러한 사정은 크게 변하지 않는다. 해방 직후인 1950년대에는 농약이 시판되기 시작하며 구색을 갖춘 종묘상이 등장하고, 1960년대에는 본격적으로 농약이 공급되며 서울과 부산을 중심으로 여러 종묘농약상이 생긴다. 그리고 70년대에 들어서면 경제개발계획이 진행됨에 따라 도시와 노동자 계층이 성장하면서 채소 수요가 증가하고, 지방에서도 채소 씨앗을 거래하는 상권이 형성된다. 그러한 종묘농약상은 1대잡종 씨앗을 거래하기도 했으나, 여전히 농가에서 채종한 씨앗을 수집해 판매하거나 일본에서 수입된 씨앗을 다루었다. 특히 부산을 중심으로 해서는 일본의 채소 씨앗을 밀수하는 일이 성행하기도 했다고 한다.

이러한 관행이 변화하게 되는 하나의 계기가 바로 우장춘 박사의 귀국이다. 한국 채소 종자업은 우장춘 박사 이전과 이후로 나뉜다고 해도 지나친 말이 아니라는 평가가 있을 정도다. 우장춘 박사로 인하여 1대잡종, 즉 F1 채소의 육종과 생산의 기틀이 마련되어, 1970년대에는 여러 1대잡종이 개발되며 종자시장이 커지게 된다. 특히 1973년에 제정된 종묘관리법으로 종자회사들에게는 큰 변화가 일어난다. 법으로 종자를 생산, 관리하는 규정을 강화하여 이를 충족시키지 못하는 종자회사는 수입 종자의 판매를 할당받지 못하고 단순한 종묘상으로 전락한다. 그리고 이때부터 종묘상에서 예전처럼 농가의 우수한 토종 채소를 판매하던 일이 중단되고 1대잡종을 취급하게 된다. 하지만 그러한 1대잡종은 아직 품종의 수와 양에서 보잘것없는 수준이었고, 종자회사들의 주요 수익은 신품종을 개발하여 판매하는 것보다 여전히 일본에서 채소 씨앗을 수입해서 판매하는 데에서 나왔다고 한다. 그 주도적 역할을 한 것이 1965년에 발족된 한국종묘생산협회인데, 이 협회에 가입한 회원에게만 종자의 수입권을 부여했다고 한다. 그러니 당연하게도 한국의 여러 종자회사들이 이 협회에 가입하고자 노력하여, 농림부의 채소종자 수급계획에 따른 수입 물량의 할당을 둘러싸고 각 종자회사가 심한 갈등을 겪기까지 했단다.

1980년대에는 산업화가 더욱 진전되고 교통이 발달함에 따라 도시와 가까운 지역을 중심으로 전문 재배단지가 형성되며 채소 종자시장의 규모가 1000억 원으로 성장한다. 특히 1980년대부터 본격화된 시설재배의 확산은 채소 씨앗의 판매에 날개를 달아주는 역할을 한다. 그래도 1985년 이전까지는 종자회사의 수익에서 일본 품종을 수입하여 판매하는 것이 주요 소득원이었다. 그러던 것이 획기적으로 변화하는 사건이 바로 1991년[33]에 있었던 종자시장 완전 개방이다.

1990년대는 종자산업과 관련하여 매우 중요한 시기다. 먼저 1991년에는 채소 씨앗의 수입이 자유화된다. 즉, 이전까지 안정적인 수익원이던 업계의 관행에 큰 변화가 생긴다. 사실 이러한 조치는 1985년부터 이루어지려 했으나, 종자협회에서 산업 기반의 취약성을 이유로 연기를 요청해 받아들여져 늦어졌다고 한다. 그 뒤에도 계속 식량안보를 이유로 종자시장의 개방을 늦추려고 했으나, 1988년 수출액이 700억 달러를 넘으면서 더 이상 종자의 수입을 규제할 수 없어 1989년부터 단계적으로 종자의 수입자유화를 결정했다고 한다. 이러한 사실에서 알 수 있듯, 한국의 종자업계는 채소 종자

---

33 1986년부터 단계적으로 자유화되다 1991년 완전개방되었다.

의 수입 규제로 인한 독점적 권리로 달콤한 꿀만 빨다가 정작 기술력과 경쟁력을 확보하지 못하여 쇠락한 것은 아닐까.

한편, 이러한 조치는 한국의 종자회사들이 해외에서 채소 씨앗을 생산하여 수입할 수 있는 계기가 되기도 했다. 이를 통해 종자회사들은 생산비를 절감하는 효과를 누린 것과 함께, 유사한 품종 개발경쟁으로 인한 가격 하락과 종자의 생산과 저장 기술이 향상되면서 재고량이 증가하여 경영에 문제가 발생했다. 해외에서 채종한 많은 양의 씨앗을 자유롭게 들여오면서 생긴 부작용의 하나였다. 이러한 요인들로 인해 재정상황이 악화되면서 이후 다국적 기업에 인수합병되는 사태가 발생하기도 한다. 참고로 현재 한국에서 판매되는 채소 씨앗의 약 80%가 해외에서 채종된 것이라 한다. 또 1995년에는 종자산업법이 개정되면서 국제적 추세에 따라 신품종을 개발한 주체의 권리를 보호하려는 조치를 취하기도 한다.

그리고 1997년, 누구나 잘 알고 있듯이 국가 부도사태를 전후하여 한국의 주요 종자회사들이 다국적 기업에게 인수합병되는 일이 벌어진다. 1996년 스위스의 노바티스가 농진종묘를 인수한 것을 시작으로 이듬해 서울종묘까지 인수하고, 이후 1998년 한국 신젠타 종묘로 사명을 바꾸어 지금에 이르고 있다. 또 멕시코의 세미니스는 1997년 중앙종묘와 흥농종묘를 동시에 인수하며 한국 채소종자 시장의 50% 가까이를 점유하게 되고, 다시 2005년에는 몬산토코리아에 인수된다. 그리고 일본의 사카타 종묘는 1999년 청원농상종묘를 인수하며 사카타 코리아를 설립하고, 일제강점기에 조선에 지사를 세웠던 다키이 종묘는 1991년 종자 시장이 개방되자 한국에 지사를 설립하여 현재까지 운영되고 있다. 그런데 다국적 종자회사는 처음 한국을 교두보로 아시아 시장에 진출하려 하는 계획을 가지고 있었으나, 한국 특유의 기업문화와 언어소통의 문제, 품종 복제의 관행 등으로 투

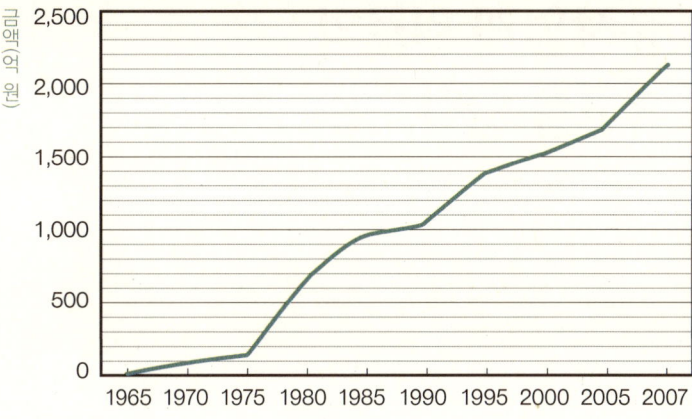

한국의 채소 종자시장 규모. 한국에서 채소 씨앗의 판매는 1975년을 기점으로 급속하게 성장한다. 앞서 전남의 벼농사 농기계가 보급된 상황에 대한 그래프와 비교해서 보면 서로 유사함을 발견할 수 있다. (한국채소종자산업발달사 편찬위, 『한국채소종자산업발달사』, 서울대학교출판부, 2008 참조)

자에 미온적 태도를 취하게 된다. 그 결과, 신젠타와 몬산토 같은 다국적 기업은 한국에서는 7개의 주요 작목에만 집중하는 모습을 보여주고 있다. 실제로 2012년 동부팜한농이 몬산토코리아로부터 채소종자사업부 등을 인수할 때 고추, 토마토, 파프리카, 시금치 등 몬산토코리아의 매출액 가운데 1/3에 달하는 종자에 대해서는 그 영업권만 획득한 바 있다.

종자업계 원로의
유고를 읽다

일제강점기부터 해방 직후까지 한국 채소종자업에 대한 고(故) 이춘섭 흥농종묘 회장의 유고에 매우 흥미로운 내용이 나오기에 소개하려고 한다. 그 내용을 요약하자면 아래와 같다.

한국의 종묘사업은 1920년대에 시작되었는데 실상은 보잘것없었다고 한다. 좀 알려진 종묘상이라곤 수원의 부국원과 만종원, 서울의 조선농원과 우리상회, 경성채포원, 사리원의 장수농원, 그리고 이춘섭 회장의 서선농림합자회사 —이후 흥농종묘가 됨— 가 있었다. 몇 년 뒤 영등포에 조선 다키이 종묘사가 개업했고, 역사가 꽤 오래된 평양의 나카무라 보국원, 야마구치 종묘원 등이 있었다. 그 외에는 대부분 지물포나 피물전에서 종자를 부업으로 함께 취급하는 정도였다고 한다.

그가 종묘회사를 설립한 것은 농업학교 졸업 후 시작한 봉급생활이 성격에 맞지 않고, 집에서 과수원을 경영하여 당시 황해도와 평안도 일대에 불었던 사과 재배 붐—황해도 황주 사과가 유명했음—으로 과수 묘목 사업의 전망이 좋아보였기 때문이다. 그래서 1936년 자본금 1만 원에 출자금 3천 원으로 대표사원이 되어 서선농림합자회사를 창립한다. 그러나 첫 사업으로 사과 묘목 20만 주를 일본에서 수입해서 판매했으나, 재고가 많이 생기고 겸업하던 연와공장도 실패하여 회사가 파산하게 된다. 이후 농업학교 재학시절 일본인 강사에게 들었던 종자사업이 유망하다는 이야기가 떠올라 본격적으로 "씨앗장사"에 나섰다고 한다. 하지만 직접 신품종을 육종하고 채종하는 것이 아니라 주로 일본에서 좋다는 종자를 수입해서 판매하는 형태였다. 그런데 그마저도 믿었던 동업자에게 속칭 뒤통수를 맞으며 보기 좋게 실패하게 된다.

그래서 1938년 6월에는 직접 궁중 무 종자를 수매하기 위해 일본 아이치현으로 건너간다. 적당한 가격에 궁중 무 종자 280석을 수매하는 데 성공하고, 이것이 7월에 사리원에 도착하여 한 석에 80~140원 정도씩 남기며 팔아 큰 이익을 보고 그간의 실패를 만회한다.

종자는 때를 맞춰서 심어야 하는 생명체인데 어렵게 종자를 구입해도 파종 시기를 놓쳐 망치는 경우가 종종 생겨 피해를 많이 보게 되는 경험을 바탕으로, "일본 농민도 하는 걸 우리가 못할 것이 무엇이냐는 생각"에 종자를 직접 채종할 계획을 세운다. 사실 "채소 종자만이라도 우리 농토에서 우리 손으로 생산하여 자급자족할 수 있는 기술을 터득해야 언젠가는 독립되는 날이 오면 우리나라에서 좋은 종자를 생산하게 될 것이다. 즉 종묘보국한다는 일념으로 종자 채종을 계획하였다"는 내용도 나오지만, 이는 나중에 덧칠해진 내용 같다. 왜냐하면 그의 유고에 태평양전쟁 시기 일본 육군과 뗄 수 없는 관계를 맺으며 사업을 성공적으로 경영한 모습도 나오기 때문이다.

아무튼 일제강점기 조선에서는 각 지역마다 특성 있는 종자를 집에서 재배할 목적으로 모본을 보존, 저장하였다가 각 농가에서 소단위로 채종해서 사용했다고 한다. 채종상에서도 주로 일본의 무 종자와 중국의 배추 종자를 수입해서 판매하거나, 농가에서 사용하고 남은 종자를 거두어 판매하는 경우가 대부분이었다고 한다. 서울 근교와 개성 같은 상대적으로 큰 도시에서는 판매를 목적으로 무와 배추를 대단위로 채종하는 농가도 있었지만, 기업적인 채종은 없었단다. 아무튼 그의 첫 채종 시도는 1940년에 시작된다. 일본 아사히 농원에서 궁중 무 원종 6석을 구입하여 제주도에 60만 평 규모의 위탁채종포를 만들었다. 하지만 경험과 기술 부족으로 겨우 100석 정도만 채종을 한다.

그의 유고에 의하면, 당시 사용하는 종자는 대부분 일본에서 생산된 것을 수입했는데 가장 많은 것이 궁중 무 종자로 1년에 1,200석, 배추 종자 700석 정도였다. 그리고 중국 하북성 보정부 지방에서 재배되던 지부 배추 20석, 포두런 20석, 직예 배추 50석, 몽고 적봉 지방에서 적장 30일 무(일명 쥐 무) 50석이 인천과 평양에 거류하는 중국 상인을 통해 들어왔다. 재래종, 즉 토종으로는 경상도 지방의 풍산 무, 황해도의 황주녹새벌 무, 울산의 울산 재래 무, 진주의 진주 대평 무가, 그리고 배추는 서울의 서울배추가 서울 이남에서 1년에 300~500석이, 이북 쪽에서는 개성의 개성배추가 300~500석 정도 소비되며 인기였단다. 그 밖에는 성환의 개구리 참외, 개성의 열골내기 참외, 평양의 강서 참외가 인기였고, 오이는 서울의 서울 마디오이, 개성의 개성 청다다기오이, 도시 근교의 중국 농민들에게는 중국에서 들어온 속성재배용 가시마디오이가 인기 품종이었다.

재배규모에서는 부산 지방의 김해, 삼랑진 지역, 서울 지방의 뚝섬, 고양군, 양주군, 한강 유역이 큰 재배단지였고, 평양 지방에선 대동강 유역에 대동군 소채조합이 결성될 정도로 큰 재배단지였다. 그러나 재배규모가 큰 것은 대부분 중국인들 소유이고, 조선인들은 자급을 목적으로 하여 소규모에 지나지 않았다. 생산된 채소는 장으로 운반되었는데 운송수단도 저장시설도 열악하여 가까운 시장이나 부락에 소매하는 형식이었고, 가격의 등락이 심하여 불안정했다.

해방 이후 한국의 채소 종자업은 큰 변화를 맞이한다. 그 중심에는 1950년에 귀국한 우장춘 박사가 있었다. 우장춘 박사가 동래 원예시험장의 전신인 중앙원예기술원장으로 부임하면서 채소 육종 연구가 활발히 전개되어, 기술원에서 개발된 원종을 한국농업과학기술협회가 인수받아 증식하고 채종하여 종묘업자에게 판매하는 형식으로 배정되었다. 그러나 이때까지도 종자의 질적인 면에서는 외국, 주로 일본의 수입종에 비하여 낙후된 것이 사실이었다고 한다.[34]

이상에서 살펴본 바와 같이, 일제강점기부터 1960년대까지 한국의 채소 종자시장은 기술력도 부족하고 사회적 여건도 미흡하여 그다지 발달하지 않았음을 확인할 수 있다. 도시가 발달한 일부 지역에선 대규모 채종포가 운영되었지만, 대다수의 농민들은 여전히 집에서 먹을 용도로 토종 채소 씨앗으로 농사를 지으며 살았을 것이다. 그렇게 1960~1970년대를 지나 1980년대에 들어서야 종자시장이 어느 정도 기반을 형성하고, 사회적으로도 산업화를 완성하는 단계에 이르면서 채소에 대한 수요가 높아짐에 따라 종자업도 활성화된다. 그러다 1990년대 후반 국가 부도 사태를 맞이하며

---

[34] 한국채소종자산업발달사 편찬위원회, 『한국채소종자산업발달사』 2장 채소종자 산업의 발달 과정 중 이춘섭 흥농종묘 회장의 미발표 유고에서 요약, 정리하여 발췌.

국내의 유명한 종자회사들이 다국적 기업에게 인수합병되는 일이 벌어지며 또 다른 국면을 맞이하게 된 것이다.

곡식 씨앗도
사고파는 시대가 오는가

2011년 한국의 종자시장은 종자산업법 개정과 함께 크나큰 변화에 직면했다. 2011년부터 일련의 종자산업법 개정으로 이제 민간의 종자회사가 식량작물의 종자시장에 개입할 수 있는 여지가 열리고 있기 때문이다. 해외의 유명한 다국적 종자회사들이 첨단 과학기술을 이용하여 유전자변형 작물, 특히 옥수수와 대두 같은 식량작물을 개발한 데에는 종자시장에서 수익을 올리려는 이유가 크게 작용했을 것이다. 막대한 연구비를 투자해 품종보호법 또는 지적재산권으로 강력하게 보호받는 신품종 —이라 쓰고 유전자변형 작물이라 읽는다— 을 개발하는 일은 그것을 판매할 수 있는 시장이 뒷받침되어야 한다. 그렇지 않으면 주주와 기업의 이익에 반하는 일이니 시도조차 할 수 없는 일이다.

한국 농촌경제연구원에서 발표한 『종자산업의 동향과 국내 종자기업 육성 방안』이란 보고서를 보면 이러한 대목이 나온다.

"민간기업 육성을 통해 종자산업의 국제경쟁력을 강화시켜 나갈 수 있기 때문에 국내 종자기업 육성 방안을 수립하는 것이 무엇보다 중요함.
- (이를 위해서는) 첫째, 식량작물의 민간이양을 통해 종자시장 규모를 확대할 필요가 있다. 이 경우 공급가격 현실화로 종자가격이 상승할 가능성이 높으며, 민간부문이 참여하기 위한 기반 구축이 미흡한 실정이므로 점진적 참여를 유도하는 단계별 접근이 필요하다.
- 둘째, 개인 육종가 활용과 인력양성으로 민간역량을 강화시켜야 한다.
- 셋째, 국내 종자생산 기반을 조성하고 이에 대한 지원을 확대할 필요가 있다. 종자기업의 국내채종 전환에 대해 단기성이 아닌 지속 지원이 필요하며, 간척지 등을 활용한 대규모 종자생산기지를 조성하는 방안을 마련해야 한다.
- 넷째, 수출 활성화를 통해 종자기업의 규모화를 유도하도록 한다.
- 다섯째, 품종보호제도의 실효성을 제고시켜 개발자 보호를 강화하는 것이 무엇보다 중요하다."[35]

이를 통해 한국의 종자산업이 어떠한 방향으로 나아갈지 짐작할 수 있다. 앞으로 식량작물의 종자시장도 민간에 개방하고, 이에 기업들은 수익을 위해 연구개발비를 투자하여 첨단 기술을 적용한 ─유전자변형 기술일 가능성이 높다─ 신품종을 개발하여 시장에 출시할 수 있다. 이를 지원하

---

35 박기환 외, 「종자산업의 동향과 국내 종자기업 육성 방안」, 『한국농촌경제연구원 정책연구보고서』, 한국농촌경제연구원, 2010, 83~84쪽.

기 위해 정부는 대학과 연구기관에 예산을 투자하여 인력을 육성하고, 대학과 연구기관은 민간기업과 적극적인 산학협력으로 기술의 개발과 활용에 몰두하며, 민간기업은 시장의 확대를 위해 노력한다는 그림을 그릴 수 있다.

이를 위하여 한국 정부에서는 2012년부터 '골든 씨드 프로젝트'라는 사업을 추진하고 있다. 이 사업은 이전 해에 개정된 종자산업법과 밀접하게 연관되며 추진되고 있다. 종자산업법을 개정하는 주요 이유로는, "종자산업의 여건변화에 따라 현행 제도의 운영상 나타난 일부 미비점을 개선·보완하고, 육성자 권리를 강화하여 품종개발 의욕을 촉진시키며, 종자유통 질서를 확립하여 농업인을 보호하고, 모호하거나 불합리한 규정을 합리적으로 개선하여 소비자의 편의를 제고하는 한편, 법 문장을 원칙적으로 한글로 적고, 어려운 용어를 쉬운 용어로 바꾸며, 길고 복잡한 문장의 체계 등을 정비하여 간결하게 하는 등 국민이 법 문장을 이해하기 쉽게 정비하며, 그 밖에 현행 제도의 운영상 나타난 일부 미비점을 개선·보완하려는 것임"[36]이라 들고 있다.

한마디로 이러한 법안의 개정과 프로젝트의 추진으로 "금보다 비싼 종자(Golden Seed)"를 만들어 팔겠다는 계획으로 정의할 수 있다. 이 프로젝트에 따라 단기적으로는 2020년 종자 수출액을 20억 달러까지 달성하려 하는데, 그 수출 대상 품목은 벼, 감자, 옥수수, 고추, 배추, 수박, 무, 바리, 넙치, 전복으로 이상 10가지이다. 또한 수출만이 아닌 현재 신품종보호에 따라 막대한 로열티를 지급하게 될 수입 종자를 대체할 품목으로 돼지, 닭, 양배추, 토마토, 양파, 감귤, 백합, 김, 버섯 등 이상 9가지를 개발하겠다

---

36 농림수산식품부공고 제2009149호, 2009.

고 계획한다. 이러한 프로젝트를 위해 2012년부터 10년에 걸쳐 정부 6540억 원, 민간 1600억 원으로 모두 8140억 원의 사업비를 투자한다는데, 누가 어떻게 무엇을 하겠다는 것인지 정부에서 발표한 'Golden Seed 프로젝트' 보고서[37]를 살펴보자.

보고서를 보면, Golden Seed 프로젝트는 2009년 7월 대통령의 지시로 시작된다. 그 관련 법적 근거는 생명공학육성법(일부개정 2010.1.18 법률 제9932호)과 종자산업법(일부개정 2010.05.31 법률 제10332호 시행일 2010.9.1) 및 시행령에 의거한다. 보고서에서도 지적하듯이, 종자산업이란 "종자를 육성, 증식, 생산, 조제, 양도, 대여, 수출, 수입 또는 전시하는 업"과 또한 농민에게 판매하는 행위를 말한다. 즉, 종자를 개발하여 판매할 수 있도록 시장을 열어주는 것이 이 종자산업법의 핵심이라는 것을 알 수 있다.

이 보고서에서는 세계 종자산업의 메가트렌드를, "1)글로벌 종자회사의 대형화에 따른 세계 종자시장 독점 및 기후변화에 대비한 경쟁 강화 2)건강에 대한 관심고조로 건강 관련 품종 개발 경쟁 가속화 3)GM작물 재배면적의 급속한 증가"라고 파악한다. 그리하여 Golden Seed의 연구개발은 다음과 같이 진행된다. 수출종자의 개발 및 수출은 민간기업을 중심으로 추진하고, 정부대학출연(연)은 기반 연구 및 기존 연구성과의 연계를 통해 민간기업의 수출 종자 개발을 지원한다는 것이 주요 골자이다. 그리고 Golden Seed 사업의 주요 목표는 보고서에도 잘 나와 있듯이 국내 시장보다는 해외 농업시장에 수출하는 것을 목표로 하고 있다.

이 프로젝트는 국가 차원에서 추진하는 녹색혁명 이후 가장 큰 규모

---

37 허태웅, 「11년 상반기 예비타당성조사사업 선정결과」, 『Golden Seed 프로젝트』, 농림수산식품 과학기술위원회, 2011.

의 농업 관련 사업이라고 할 수 있을 것 같다. 씨앗은 농업계의 '반도체 산업'이라고도 부르는데, 한국에서 생산되는 농산물의 양으로는 국제시장에서 경쟁력도 없고 쌀을 제외하고는 자급도 어려운 형편이니 전자업계의 핵심부품인 반도체처럼 농업의 핵심인 씨앗을 개발해 수출하겠다는 것이다.

그런데 앞서 지적했듯이, 보고서의 내용 가운데 가장 우려스러운 점은 그동안 국가 안보의 중요한 식량작물로 보호를 받던 벼, 옥수수, 감자 등과 같은 작물을 2011년부터 단계적으로 민간에 이양하여 민간기업의 주도로 상용화 종자를 개발한다는 내용이다. 그나마 농민들이 상대적으로 저렴하게 주요 식량작물의 종자를 이용할 수 있었던 이유는 정부의 식량작물에 대한 보급종 보호와 육성 때문이었는데, 이건 종자산업의 민영화를 선언하는 것과 같은 내용이다.

대기업의 농업생산 진출 문제로 시끄러운 상황인데, 국가 차원에서 농업의 민영화를 추진하고 있다는 것이다. 더 큰 문제는 지금 이런 사실에 대한 심각성을 아무도 인식하지 못하고 있다는 점일지도 모른다. 민간에게 채소 이외의 곡식 종자산업이 개방되면, 가뜩이나 소득의 정체로 어려운 농민들이 부담하는 생산비가 더 상승할 수 있다. 현재 씨앗의 가장 큰 소비자가 농민이고, 그 생산물의 가장 큰 소비자는 일반 사람들이다. 이는 종자산업의 변화가 농민에게만 영향을 미치는 것이 아니라, 결국 소비자에게도 영향을 미칠 수 있다는 것을 시사한다.

보고서를 더 살펴보면, 채소 분야의 경우 민간업체의 기술개발 역량이 높고 등록업체 수도 매년 지속적으로 증가한다고 평가하면서 특히 고추, 배추, 무 등 일부 품목은 글로벌 시장을 선도하는 세계 최고의 기술수준 및 인프라를 보유했다고 지적한다. 또한 Golden Seed 사업에서 미래의 농업을 위해서 바이오에너지 작물과 식물공장용 작물도 집중 개발하겠다고 한다.

일각에서 반대의 목소리를 높이고 있는 식물공장을 건설하여 농산물을 생산하겠다는 계획이 이렇게 차근차근 관련 분야들과 함께 진행되고 있다.

이상을 종합할 때, 종자산업법은 유전자변형 기술 등을 활용한 종자의 개발과 그것을 세계 시장에 수출하는 것을 목표로 개정된 셈이다. 이를 위해 개발 주체의 권리를 강력하게 보호해주겠다는 것이 핵심이다. 결국 이 프로젝트는 한국에서도 몬산토와 신젠타 같은 다국적 종자회사를 육성하고, 그를 뒷받침할 수 있도록 대학이나 연구소 등의 연구력을 확보하여 종자 수출의 강국이 되겠다는 계획이라 할 수 있다. 이는 향후 한국 농업이 나아갈 방향을 조정하는 키와 같은 역할을 할지 모른다.

하지만 여기서 문제 삼을 수 있는 것들이 몇 가지 있다. 첫째, 유전자변형 종자가 국내에서 유통, 판매 및 재배가 이루어질 수 있다는 점이다. 유전자변형 생물은 아직 그 유해성이 정확히 평가되지 않은 양날의 검 같은 존재이다. 이 때문에 국제 사회에서도 논란이 끊이지 않고 있는 상황이다. 이러한 마당에 유전자변형 종자를 개발하겠다는 것은 조금 위험한 발상이 아닌가 한다.

둘째, 2009년 당시 이명박 대통령의 지시를 받은 이후 단 몇 개월 만에 보고서가 작성될 정도로 사업이 급속히 추진되었다. 세계의 종자산업은 수십 년에 걸친 연구개발력이 축적되고 막대한 자금력을 지닌 다국적 농기업의 노하우가 집적되어 있는 산업이다. 더구나 그들이 장악하고 있는 세계 시장은 약 70%에 달할 정도로 독점력이 강하다. 그 시장을 단 10년의 연구로 쉽게 뚫을 수 있을지 매우 의심스럽다. 국민의 건강과 자연 생태계에 위험을 초래할 수 있는 사안을 너무나 졸속적으로 처리하고 있다는 생각을 지울 수 없다.

셋째, 이로 인해 토종 씨앗의 소멸 현상이 더욱 심해질 것이라 예상할 수 있다. 현재 농민은 WTO 이후 FTA라는 거대한 파도에 휩쓸려 세계의 농민들과 원하지 않는 경쟁 상태에 놓여 있다. 이러한 경쟁의 심화로 소규모 가족농이 몰락할 위험이 높아지고, 농업계 전반에 걸쳐 대기업의 농업 참여라든지 하는 대대적 개편이 이루어질 것이라 예상할 수 있다. 소규모 가족농이 사라지며 그들이 보전하고 있는 토종 씨앗도 함께 사라질 수 있다. 현재 직접 씨앗을 받아서 농사짓는 사람은 극소수이며, 대부분 종자회사나 정부의 보급종을 구입하여 재배하고 있는 현실이다. 이런 시기에 농민들이 급감하고, 영농조합법인과 기업농 같은 대농 중심으로 농업이 재편되면 토종 씨앗은 더욱더 설 자리를 잃을 것이다. 신품종 종자를 개발할 수 있는 원천자원이 바로 토종 씨앗인데, 이를 재배하는 농민들이 살아갈 수 있는 자리를 없애면서 종자산업을 추진한다는 것은 어불성설이다. 정부는 종자산업법을 개정하고 추진하기에 앞서, 최소한 그와 함께 농민들이 토종 씨앗을 보전할 수 있는 여건과 기반을 마련해주어야 한다.

이러한 상황에서 농민들은 어떻게 해야 하는가? 골든 시드 프로젝트와 같은 사업에 따라 많은 연구개발비를 투자해 개발한 곡식 종자의 가격은 기존의 저렴한 보급종보다 상승할 가능성이 높다. 이는 필연적으로 농민의 생산비 증가로 이어질 테고, 가뜩이나 지금도 수익성이 떨어지는 벼를 중심으로 한 식량작물의 농사에 악영향을 미칠 우려가 있다. 물론 이를 방지하기 위해 정책적으로 무언가 방안을 마련하겠지만, 현재의 농업정책 등을 지켜볼 때 그것이 얼마나 실효성을 거둘지는 의심이 먼저 든다. 2016년 9월, 집권당과 행정부 및 청와대에서는 당장 쌀값이 떨어진다고 이를 막기 위해 농업진흥지역을 해제하겠다는 안을 추진하고 있지 않은가. 식량안보가 무엇인지에 대한 개념조차 없는 언행이 아닐 수 없다.

종자산업 활성화를 위한 종자시장의 규모 확대, 즉 식량작물 종자시장의 개방 등의 수순이 한국 농업의 앞길에 놓여 있다. 이러한 일이 앞으로 농민들의 삶에는 어떠한 영향을 줄 것인가? 이러한 일들이 농민의 삶에 그다지 바람직한 결과를 가져올 것이란 생각은 들지 않는다. 농민들은 더욱더 단순생산자의 지위로 전락하게 되지는 않을까?

토종 지킴이들의
소멸

동서고금을 막론하고 씨앗, 특히 작물의 씨앗은 농민과 함께 살아왔다. 농민과 함께 살며 재배되고, 선발되고, 음식으로 이용되면서 생명을 이어왔다. 그만큼 작물에게 인간은 크나큰 존재였다. 일반적인 식물들과 달리 작물은 인간의 손을 타면서 인간의 도움 없이 살아가기 어렵도록 길들여졌다. 작물(作物)이란 단어에는 인간의 개입이란 뜻이 내포되어 있다. 원래 야생에서 자생하던 식물을 인간이 자신의 용도에 맞게 이용하고자 논과 밭이라는 인공적인 환경을 조성해주었고, 그 야생의 식물은 인간이 제공하는 조건에 길들여지면서 인간의 원하는 부분은 발달하고 그렇지 않은 부분은 퇴화되었다. 그런 맥락에서 인간과 작물은 서로 공생관계에 있다고 해도 지나친 말이 아니다.

그렇기 때문에 토종 씨앗을 이야기할 때 빼놓을 수 없는 것이 바로 농민이다. 아주 먼 옛날에는 대부분의 사람들이 농사를 지으며 먹고살았지만, 근대화와 산업화를 거치며 인간 사회는 과거와 달리 크게 변모했다. 농업 기술이 발달하면서 생산력이 높아지고, 그에 따라 과거보다 더 적은 수의 농민들이 농업에 종사해도 나머지 농사짓지 않는 사람들의 먹을거리를 책임질 수 있게 된 것이다. 고려시대의 벼 생산량에 대한 한 연구에서 보면, 고려 전기의 경우 논 300평에서 좋은 땅(上田)은 71.7~154.4kg, 질이 떨어지는 땅(下田)은 33.7~72kg 정도를 수확했다고 추정한다. 그런데『세종실록』의 기록에 의하면, 그나마 사정이 좋은 경상도와 전라도 지역의 논 1,000결 가운데 상전은 불과 1~2결뿐이고 나머지 대부분은 하전이었다고 한다. 그래서 이 연구에서는 당시의 벼 생산량을 엄밀하게는 최저치인 34kg 정도로 추정하는 게 맞을 것이라 결론을 내린다.[38] 요즘은 얼마나 생산하는가? 품종마다, 논마다 조금씩 차이가 있겠지만 대개 300평에 약 500kg 전후의 벼를 생산한다. 넉넉하게 고려시대 때 300평당 50kg을 생산했다고 잡아도 지금의 1/10 수준이다. 당시의 농업 기술이 지금과 얼마나 차이가 있는지 잘 보여준다. 지금과는 식생활 등에서 차이가 많았겠지만, 이것으로 부양할 수 있는 인구를 거칠게 계산해도 1인당 1년에 100kg의 쌀을 먹는다고 가정하면 고려시대에는 최소 600평은 있어야 하는 데 반해 지금은 60평만 있어도 가능하다는 결론이 나온다. 그러니까 당연히 농사짓는 사람이 확 줄었어도 먹을거리를 공급하는 데에 큰 문제가 없어지는 것이다.

그러면 우리 사회에서 얼마나 많은 농민이 줄어들었는가? 앞에서 『한국산업경제10년사(1945~1955)』에 나오는 자료를 바탕으로 1940년대까지 한국 전체 인구의 80%에 육박하는 사람들이 농민으로 살았다는 사실을 이야기한 바 있다. 당시 약 2500만 명의 인구 가운데 80%의 비율이면 거의

---

38   곽종철, 한국고고학회 엮음, 「우리나라의 선사~고대 논밭 유구」, 『한국 농경문화의 형성』, 학연문화사, 2002.

2천만 명이 농업에 종사했다는 뜻이다. 이러한 비율은 1960년대에도 크게 달라지지 않았다. 1960년 농촌의 인구는 전체의 72%를 차지했다. 그러던 것이 1980년대에는 확연하게 달라진다. 1980년 농촌의 인구는 전체의 42%로 줄어든 반면, 도시의 인구가 57.3%로 증가하여 20년 사이 급격하게 변화하게 된다. 1940년대에서 70여 년이 지난 지금 한국의 전체 인구는 어느새 5천만 명이 넘었는데, 그에 반하여 농사를 짓는 인구는 2015년 농림어업총조사에 의하면 약 257만 명으로 급감했다. 전체 인구의 약 5%의 농민이 나머지 95%의 도시민의 먹을거리를 책임지고 있다는 뜻이다. 극소수의 농민이 대다수 도시민들의 먹을거리를 책임지기 위해서는 어떻게 해야 하겠는가? 농지의 규모는 확대하고, 작목의 수는 줄이며, 재배면적당 생산량은 높여야 한다. 그렇게 해야 대다수 도시민의 먹을거리 수요도 충족시키면서 그나마 생계를 유지할 수 있다.

앞에서 살펴본 것처럼 그 과정에서 상대적으로 신품종에 비하여 생산량이 떨어지는 토종 씨앗은 외면을 받게 되었다. 그리고 주로 나이 많은 여성농민들에 의하여 간신히 생명을 이어오고 있다는 사실을 확인했다. 현재 농촌의 고령화율은 심각한 수준이다. 급속한 공업화와 도시화로 이농현상이 심해짐에 따라 젊은 노동력이 대거 유출되었고, 수입개방화나 농산물 가격 하락 등으로 그나마 남아 있는 사람들 중에서도 청년층은 거의 없는 수준이다. 마을마다 어린아이의 울음소리가 끊긴 지는 오래고, 어쩌다 아직 남아 있는 청년들에게서 아기라도 태어나면 마을을 넘어 군 차원에서 축하를 받을 정도이다. 농촌이 살 만하면 젊은이들이 왜 농촌을 떠나겠는가? 젊은 사람은 살아야 할 날이 창창하니 먹고살기 위해서 농촌을 떠나고 나이 드신 분들만 집을 지키고 있는 형국이다.

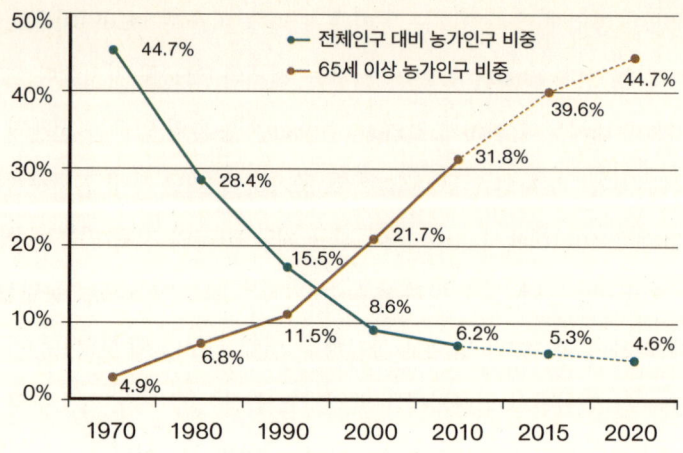

현재 농촌에서는 약 40%의 인구가 65세 이상의 노인들이다. 읍면 소재지에서는 그나마 젊은 사람들을 찾아볼 수 있지만, 마을로 들어가면 노인들밖에 살지 않는 곳이 수두룩하다. (농림축산식품부, 『농림축산식품 주요 통계』, 2013; 한국농촌경제연구원, 한국농촌경제연구원, 『2020 농어업·농어촌 비전과 전략』, 2010 참조)

    토종 씨앗은 주로 할머니들이 지키고 있으니 토종 씨앗의 보전이란 측면에서는 더 나은 것 아니냐는 반문을 할 수 있다. 하지만 사정은 그렇지 않다. 1대잡종을 특징으로 하는 채소의 신품종과 생산성 높은 정부의 보급종이 널리 퍼지기 이전인 1960~1970년대부터 농촌에서 농사를 지은 분들에게서나 토종 씨앗을 찾아보기 쉽지, 그 이후인 1980년대에 경제활동을 왕성하게 하는 30~40대의 나이를 지녔던 분들에게서는 그렇지 않은 경우가 더 많기 때문이다. 농사의 성격이 자급에서 상업적으로 변화함에 따라 토종 씨앗이 재배되는 자리가 사라졌다는 사실을 잊어서는 안 된다. 농사를 업으로 삼아 생계를 유지하기 위해서는 어쩔 수 없는 선택이었을 것이다.

    이제 짧게는 10여 년, 길게는 한 세대 정도 뒤에는 그나마 토종 씨앗을 보전하고 있었던 세대들이 농촌에서도 퇴장하게 되는 상황이 되었다. 한 노농의 죽음은 그것이 단지 한 사람의 소멸만을 뜻하는 것이 아니라 토종 씨앗의 소멸로도 이어질 것이다. 자칫하다가는 토종 씨앗을 찾아보려야 찾아볼 수 없는 현실이 펼쳐질지도 모른다.

육종 기술의 발전과
또 다른 신품종의 등장

다수확을 앞세운 신품종들은 사회의 변화와 함께 한국에서 토종 씨앗들을 밀어내고 그 자리를 대신 차지하게 되었다. 그러한 신품종들에 대해, 생산성을 높여 농민의 소득을 증진시키고 도시민의 수요를 충족시킬 수 있었다는 평가들을 심심치 않게 들을 수 있다. 그리고 요즘은 다수확만이 아니라 소비자들의 다양한 요구를 반영한 신품종들이 속속 등장하고 있기도 하다. 배추의 노란잎에 있는 시니그린이란 성분이 항암작용이 있다는 것을 내세워 '항암배추'라는 것도 나오고, 양배추와 상추를 교잡시켜서 쌈으로 먹기에 적당하고 맛이 있으면서 상추처럼 계속 수확할 수 있다는 '쌈추'라는 것도 있다. 그뿐만 아니라 자두의 달콤함과 살구의 새콤함을 함께 맛볼 수 있다는 '플럼 코트'라는 과일도 있고, 얼핏 보면 열무 같은데 잎은 배추인 무와 배추를 교배한 '배무채'라는 채소도 재배되고 있다. 쌀을 살펴보면 건강에 좋은 필수아미노산이 많이 함유되었다는 '하이아미'라는 품종도 보

르네상스 시대 지오반니 스탄치(Giovanni Stanchi)라는 화가의 작품. 그의 작품에는 다양한 작물들의 모습이 나온다. 특히 수박의 모습이 지금과 판이하게 다른 점이 눈에 띈다.

급되고, 일반 쌀보다 식이섬유가 3배 이상 많아 다이어트 쌀이라고도 불리는 '고아미2, 고아미3'이라는 품종도 있다. 또 식물성 단백질에 적은 라이신의 함유량을 높여 아이들 영양식이나 이유식에 적합하도록 개량한 '영안'이란 품종도 있고, 신장병 환자에게 좋지 않은 글루테린 단백질의 함량을 낮추어 환자식으로 좋다는 '건양미'라는 품종도 개발되었다.

　　이러한 신품종들은 '육종'이라는 방법을 통해서 개발이 된다. 인간이 농경을 시작한 지 1만 년이 넘었다고 하는데, 육종은 그 오랜 기간 동안 농민들이 농사를 지으면서 수행해온 일이기도 하다. 우리가 주식으로 먹고 있는 벼의 야생종을 본 적이 있는가? 지금의 모습과는 전혀 다른 모습이라 이게 진짜 벼인가 자세히 들여다보게 될 정도이다. 벼뿐만이 아니라 모든 작물이 그러하다. 인간의 손길이 가기 이전 자연 상태에서 살던 작물들의 조상을 보면 농사와 '육종'의 위대함을 새삼 깨닫게 된다.

'농부가 가장 훌륭한 육종가이다'라는 말은 그런 맥락에서 나온 것이다. 수천 년 동안 자연 생태계의 야생 식물들을 인간이 활용할 수 있도록 지금과 같은 모습의 작물로 바꾸어놓은 행위가 바로 육종이다. 여기에는 대대손손 이어진 엄청난 시간과 노력이 필요했을 것이다. 그런데 과거의 수많은 농민들이 수행하던 그 일을 산업화와 함께 국가기관을 위시한 몇몇 종자회사들이 대신하게 되었다. 그러면서 특허권이라든지 지적재산권, 품종보호법 등의 명분으로 농민들은 뒷전으로 밀리고, 연구개발자나 기업의 권리만 강화된 측면이 있다. 그들이 새로운 품종을 개발할 수 있었던 것은 이름 모를 수많은 농민들의 끈질기고 성실한 노력이 있었기 때문에 가능했던 것인데 말이다. 이제 농민들은 씨앗의 생산자이자 전수자라는 주체적 위치에서 단순히 소비자이자 판매자라는 수동적인 존재로 전락했다.

육종을 이야기할 때 빼놓을 수 없는 사람은 학창시절 생물학 교과서에서 봤던 멘델이다. 잠깐 그의 업적에 대해 언급해보자. 멘델은 7년에 걸쳐 완두콩을 교배하는 실험을 통해 1866년『식물 교잡에 관한 실험(Experiments on Plant Hybridization)』이란 논문을 발표한다. 하지만 당시에는 별 주목을 받지 못했고, 멘델은 한 수도원의 책임자로 임명이 되면서 자신의 연구활동을 접게 된다. 그로부터 30여 년이 흐른 1900년대 초반, 그의 연구는 다른 학자들에 의해 재평가를 받아 '멘델의 유전법칙'으로 정리되고 유전학이란 학문의 토대가 된다. 이 학문은 농업의 육종 기술을 발전시키는 결과를 낳는데, 이렇게 보면 육종학이 체계적이고 전문적인 분야로 자리를 잡은 것은 150년 정도인 셈이다. 그 사이에 인간의 육종 기술은 거침없이 발전했다. 그 결과 식물을 단순히 예전처럼 교배하는 데에 머무르는 것이 아니라, 유전자의 차원에서 그것을 인위적으로 조정할 수 있을 정도의 수준에 오르게 되었다.

육종의 방법에는 현재 크게 5가지가 알려져 있다. 첫 번째는 분리육종이다. 이것은 신석기혁명으로 인간이 농경생활을 시작하면서부터 이용한 가장 오래된 방법으로서, 과거 농민들이 주로 수행하던 일이다. 방식은 간단하다. 논밭에 작물을 심어 재배하다가 다른 것과 달리 돌연변이 등으로 인해 특이한 것이 발생하면 그것을 골라내 따로 심고 또 씨앗을 받아 심는 일을 반복한다. 이때 중요한 건 자기가 처음 원했던 특징이 나타나는 걸 골라내서 심어 씨앗을 받아야 한다는 것이다. 자연적으로 교잡이 일어나거나 돌연변이가 생기는 것을 이용하는 방법으로, 그 과정을 통해 알곡이 크거나 색이 다른 등등의 특징이 있는 작물들을 골라내 하나의 품종으로 만든다.

두 번째는 교배육종이다. 분리육종이 자연적으로 발생하는 자유결혼이라 한다면, 교배육종은 인간이 좀 더 개입하는 중매결혼이라 볼 수 있다. A라는 특성이 있는 작물의 품종과 B라는 특성이 있는 작물의 품종을 가까이에 심든지, 꽃가루를 인공수정한다든지 하여 교잡종을 만드는 것이다. 이를 교배라고도 하고, 교잡이라고도 부르는데 모두 같은 일을 가리킨다. 이 방법을 활용하려면 작물들이 서로 결혼하여 2세를 생산할 수 있는, 꽃가루가 서로 수정이 되는 작물이어야 한다. 이를 통해 만들어진 품종은 그 특성을 고정시키는 과정이 몇 년에 걸쳐 필요하고, 특성이 고정되면 그것을 고정종(우리가 흔히 토종이라 부르는 것도 이에 해당함)이라 부른다. 이 방식은 앞서 이야기한 '멘델의 유전법칙'에 근거하고 있다. 육종의 역사상 가장 획기적인 발전을 했다고 평가받는 이 방법을 통해 농업의 생산성도 크게 향상되었다.

세 번째는 잡종강세육종이다. 말 그대로 잡종이 강세를 띠는 성질을 활용하는 방법으로, 서로 다른 품종이나 계통의 작물을 교배시키면 그 첫 후손(1대잡종)은 부모세대보다 뛰어난 형질이 발현되는 현상을 이용한다. 처음 이 방법은 1910년대 옥수수를 연구하는 유전학자들에 의해 제기되었다. 당시만 해도 교잡에 의한 옥수수는 실험용일 뿐이어서, 1933년에도 이러한 옥수수는 전체 농작물의 1%였다고 한다. 미국에서는 1940년대부터 1대잡종(F1) 옥수수가 상업적으로 생산되기 시작했다는데, 재미난 건 이렇게 잡종강세육종으로 신품종을 개발하는 기간에 비료의 사용량도 급증했다는 사실이다. 1910~1938년 사이 전 세계의 비료 사용량이 약 3배가 늘었다고 하는데,[39] 이는 그만큼 잡종강세육종으로 개발된 종자들이 다수확을 위해 비료 등의 고투입을 필요로 한다는 반증이기도 할 것이다.

앞서 한국 종자산업의 분기점 같은 우장춘 박사가 한국에 도입한 기술이 바로 이것이다. 이 육종법을 이용해 개발한 품종은 수확량이 많고 특성이 균일하게 나타나는 등의 장점이 있지만, 이렇게 육종한 1대잡종의 씨앗으로 농사를 짓고 다시 씨앗을 받아 심으면 2대에서는 잠재되어 있던 열성 형질이 튀어나와 상품성이 대폭 떨어지는 단점이 있다. 그렇기 때문에 토종 씨앗과 달리 1대잡종 씨앗을 구매하여 농사짓는 농민들은 해마다 새로 씨앗을 구매할 수밖에 없다. 종자회사에서는 바로 이러한 점을 활용하여, 농민들에게 시장성은 좋지만 매년 구매할 수밖에 없는 종자를 생산하여 판매한다. 이를 통해 종자회사의 씨앗 통제권이 강화되었다고 할 수 있다.

네 번째는 돌연변이육종이다. 특수한 실험밭에 작물을 심고 오랜 시

---

39 David Burton Walden, "The hybrid corn industry in the United States", *Maize Breeding and Genetics*, John Wiley & Sons Inc, 1979.

간 방사선을 쏘거나 화학약품 등으로 인공적으로 돌연변이가 발생하도록 유도한 뒤, 그중 인간의 필요와 목적에 부합하는 것들을 선발하는 방식이다. 자연적으로도 돌연변이가 발생하긴 하지만 드문 일이어서, 인위적으로 대량의 돌연변이를 발생시켜 골라낸다는 것이 특징이다. 주로 특이한 꽃을 만들어 파는 화훼작물을 개발하는 데 많이 활용되고, 새로운 품종을 개발할 때 소재로 활용하는 작물로 이용되는 경우가 많다.

다섯 번째는 GM(Genetically Modified), 즉 유전자변형 육종이다. 기존의 육종법과 달리 인간이 필요로 하는 특정한 형질의 유전자를 작물에 직접 넣어서 새로운 품종을 만드는 방법이다. 주로 3가지 방법으로 이루어지는데, 아그로박테리움 투메파시엔스(Agrobacterium tumefaciens) 박테리아를 이용하는 법과 식물의 세포벽을 제거하고 원형질체에 서로 다른 형질을 가진 두 세포를 융합하는 법, 그리고 유전자총으로 목적으로 하는 유용한 유전자를 미세한 금속입자로 코팅하여 고압 가스의 힘을 이용해 식물의 세포에 발사해 도입하는 법이다. 이를 통해 교배 육종으로는 만들어낼 수 없는 다른 종의 유전자 특성을 지닌 작물 품종도 만들 수 있으며, 원하는 특성만 기존 육종법에 비해 매우 빠르고 정확하게 구현할 수 있다는 특징이 있다. 유전자변형 육종법의 시작은 1950년대로 거슬러 올라간다. 1953년 DNA의 이중나선 구조가 구명되고, 15년 뒤인 1968년에는 DNA를 절단하고 접착하는 기술이 개발된다. 이어 1973년에는 DNA를 재조합하는 기술이, 그리고 77년에는 DNA의 염기서열분석법이 개발된다. 이를 통해 유전자의 어느 부분이 어떠한 기능을 한다는 것을 유전자 지도로 그리고, 원하는 부분의 유전자를 다른 유전자로 대체할 수 있는 기술이 확립된다. 1983년에는 최초의 유전자변형 작물인 카나마이신 저항성 담배가 연구용으로 개발되기에 이른다. 1994년은 세계 최초로 유전자변형 작물이 상업화된 해

	전통적 육종	유전자변형 육종
공통점	유용한 유전형질을 조합해 새로운 품종을 만드는 방법	
소요기간	오래 걸림(길게는 10년 이상)	비교적 짧음(1~5년)
장점	오랫동안 활용한 방법으로 사람들의 거부감이 없음	다양한 유전형질을 종의 장벽을 넘어서도 이용할 수 있음
단점	원하지 않는 유전형질이 나타나거나, 유사한 종 사이에서만 가능함	유용한 유전자를 찾지 못하면 오래 걸릴 수 있음

전통적 육종과 유전자변형 육종 비교

였다. 미국의 칼젠 사에서 개발한 쉽게 무르지 않는 토마토 플래버 세이버(flavr savr)가 그것이다. 하지만 맛이 좋지 않아 곧 역사의 뒷안길로 사라지고 만다. 그리고 이듬해부터 본격적으로 유전자변형 작물이 시판되기 시작한다. 제초제 저항성 대두와 해충 저항성 옥수수와 면화가 그것이다. 이로써 1996년부터 본격적으로 유전자변형 작물이 상업적으로 재배된다. 이러한 과정을 거치며 2014년 현재 27개 작물의 336종이 상품화되어 있다.

마지막으로 하나만 더 이야기하겠다. 요즘 뜨고 있는 최첨단 육종기술이 있다. 그건 바로 유전자 가위라고도 부르는 '크리스퍼(CRISPR/cas9)'이다. 정확하고 자세한 내용은 전공자가 아니면 난해하여 다루기 어렵지만, 대략적인 방법을 소개하면 이렇다. 기존의 유전자변형 기술은 병해충이나 가뭄, 홍수 등에 대한 저항성을 지닌 외부의 유전자를 찾아내 그것을 작물에 집어넣어 유전 형질을 바꾸는 방식이었다. 이렇게 외부의 유전자를 작물에 넣으려면, 이를 직접 작물의 유전체에 넣을 수 없기 때문에 먼저 아그로박테리움 투메파시엔스라는 박테리아를 운송수단으로 삼거나 유전자총으로 세포에 직접 쏘아서 넣어야 한다. 그런데 유전자 가위 기법은 마치 편집을 하듯이, 외부에서 미리 만든 유전자 가위의 기능을 하는 단백질 복합체를 표적으로 삼은 작물의 세포에 주입해 유전자를 싹둑 잘라내고 그 자리에 들어가 작물의 형질을 전환시킨다고 한다.[40] 과학기술의 발전 속도는 상상을 뛰어넘을 정도로 빠른 것 같다.

---

40 유전자 가위에 대한 내용은 "GMO와 다른 기법으로, 상추·벼 등 식물 유전자 편집", 《한겨레: 사이언스온》, 2015.10.21. 참고.

한국에서도 유전자변형 작물이 재배될까?

우리는 과거 농민들이 직접 새로운 품종의 씨앗을 육종하고 이웃과 나누어 쓰던 시대를 지나, 산업화가 이루어지며 종자를 하나의 상품으로 생산하여 판매하는 시대를 살고 있다. 이러한 사회에서 종자를 판매하는 기업들 입장에서는 더 많은 이윤을 남기고자 새로운 상품을 개발하는 데 온 힘을 기울인다. 그것이 기업의 생리이자 존재 이유이다. 한국 종자시장의 특징이라면, 완전히 민간에게 개방된 채소와 달리 5대 식량작물인 벼, 보리, 콩, 옥수수, 감자는 정부에서 주도하여 관리한다는 점일 것이다. 아마 그러한 이유와 함께 농지가 좁다는 재배환경 때문에, 세계의 2대 유전자변형 작물이라 꼽히는 대두와 옥수수 같은 식량작물이 아직까지 한국 땅에서 재배되지 않는 것은 아닐까? 그러한 식량작물의 종자시장까지 개방되면 세계의 다국적 종자회사들이 그냥 놔두었을 리 만무하다.

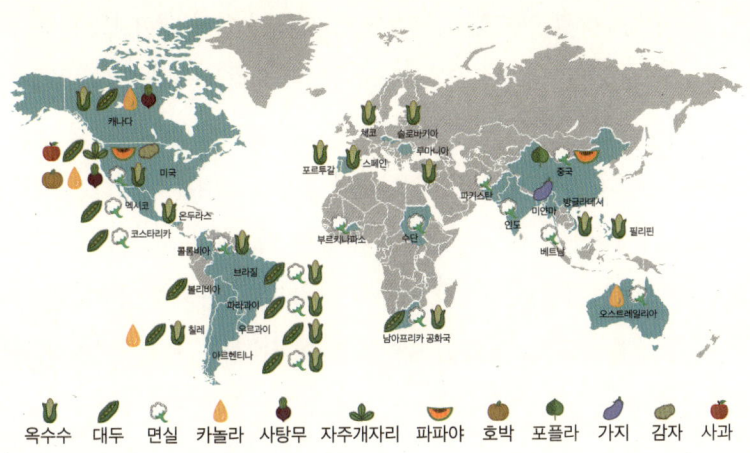

세계에서 상업적으로 재배되는 유전자변형 작물 현황. 2015년 약 1억 8000만 헥타르에서 유전자변형 작물이 재배되었는데, 그중 미국의 재배면적이 약 7000만 헥타르이다. (The National Academy of Sciences · Engineering · Medicine, *Genetically Engineered Crops: Experiences and Prospects*, The National Academy, 2016 참조)

　　한국은 현재 상업적으로 유전자변형 작물을 재배하지 않고 있는 상황이다. 이는 그저 유전자변형 작물의 상업적 재배에 대한 '국민적 공감대'가 형성되지 않았기 때문에 그럴 뿐, 언제든지 한국에서도 유전자변형 작물이 재배될 수 있는 상황이기도 하다. 그리고 이러한 일이 현실화되고 있다. 얼마 전, 정부의 주요 농업연구기관인 농촌진흥청에서 유전자변형 벼를 상용화한다는 소식에 농업계와 시민사회가 발칵 뒤집혔다. 정부 측에선 일단 원천기술의 확보라는 측면 때문에 필요하며, 이를 통해 개발한 벼는 밥쌀 이외의 산업용 원료로 이용하도록 하겠다는 방침이긴 하다. 하지만 그러한 말은 언제든지 뒤집어질 수 있기에 관련 농민단체와 시민단체들이 격렬하게 반대 중이다. 유전자변형 작물의 최대 재배지인 미국을 중심으로 한 북남미와 한국의 농업환경은 큰 차이가 나기에 사정이 다를 수 있다. 하지만 시민단체에서 우려하듯이 산업용 유전자변형 벼 재배라던 말이 언제든지 밥쌀용 쌀로 바뀔 가능성은 열려 있다. 더구나 앞서 살펴보았던 일련의 종자산업법 개정이라든지, Golden Seed 프로젝트라든지, 최근의 유전자변형 벼 상용화라든지 하는 움직임을 볼 때 그러한 가능성은 더욱더 높아진다. 도대체 유전자변형 작물이 무엇이길래 그것의 재배를 찬성하는 사람들과 반대하는 사람들로 의견이 갈리는 것일까? 여기에는 사회적, 경제적, 정치적 문제가 매우 복잡하게 얽혀 있어서 무어라고 간단하게 이야기할 수 없다. 머리가 아플 정도로 복잡한 일이기에, 여기에서는 유전자변형 작물의 재배를 찬성하는 입장과 반대하는 입장의 주장들을 간략하게 살펴보는 것으로 대신하려고 한다.

먼저 찬성하는 입장의 주장들을 살펴보면 다음과 같다.

✓ 유전자변형 작물은 수확량을 높여 세계의 기아 문제를 해결하는 것은 물론, 농민의 소득도 증대시킨다?

결론부터 이야기하면 그럴 수도 있고, 아닐 수도 있다. 유전자변형을 통하여 가뭄이나 홍수에 강하게 만들거나 콩과식물처럼 질소를 고정시켜 양분으로 활용하거나 하는 작물을 개발하여 농사가 어려운 지역에서도 이를 활용해 수확량을 높이도록 할 수 있다. 그런데 현재 주로 재배되고 있는 유전자변형 작물은 제초제 저항성 대두와 옥수수, 그리고 Bt 옥수수와 면화이다. 이러한 작물들은 농상품으로 중요하게 취급되는 작물로서, 세계의 농산물 시장과 뗄 수 없는 관계에 있다. 한마디로 식량보다 '수익성'이 우선인 것이다.

물론 이러한 작물들을 재배해 생산된 잉여의 농산물을 제3세계 등지에 원조물자로 공급할 수도 있겠다. 하지만 현실은 그렇지 않다. 대두와

작물	2013	%	2014	%	+/-	%
대두	84.5	48	90.7	50	+6.2	+7
옥수수	57.3	33	55.2	30	-2.1	-4
목화	23.9	14	25.1	14	+1.2	+5
카놀라	8.2	5	9.0	5	+0.8	+10
사탕무	0.5	>1	0.5	>1	—	—
자주개자리	0.8	>1	0.9	1	+0.1	+13
파파야	>0.1	>1	>0.1	>1	>0.1	—
기타	>0.1	>1	<0.1	>1	>0.1	—
Total	175.2	100	181.5	100	+6.3	+3 to 4

세계의 생명공학 작물 면적, 2013년과 2014년(단위: 100만 헥타르) 2014년 현재, 세계에서 재배되고 있는 유전자변형 작물 중 대두와 옥수수, 면화가 94%를 차지한다. (Clive James, "Global Status of Commercialized Biotech/GM Crops", 2014, p.195 참조)

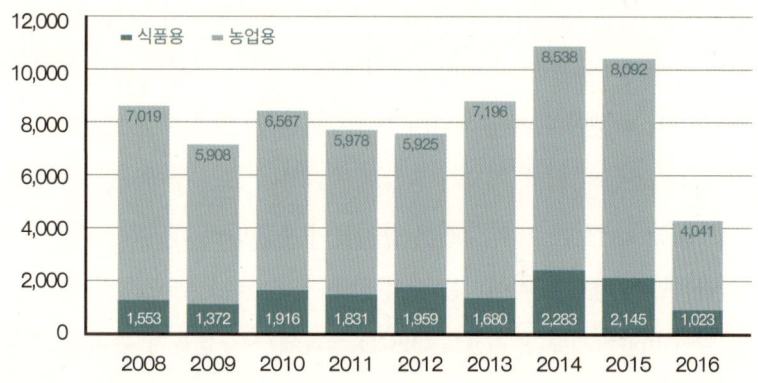

식품용·농업용 LMO 수입승인 현황(2016년 6월 기준). 도표에서 볼 수 있듯 유전자변형 농산물은 식용보다 사료용으로 더 많이 쓰이고 있다. 이러한 사정은 한국만이 아니라 미국이나 유럽 등도 마찬가지이다. (한국바이오안전성정보센터 참조)

옥수수가 주로 활용되는 분야는 현재 축산업이라고 할 수 있다.[41] 인간이 먹는 일보다 가축을 사육하는 일에 더 많이 쓰이고 있는 실정이다. 그리고 미국에서는 생물연료 에너지 정책과 함께 대두와 옥수수의 재배가 급증한

41　현재 세계에서 생산되는 곡물의 1/3이 가축을 먹이는 데 쓰인다. Nikos Alexandratos et al., *World Agriculture Towards 2030/2050*, FAO, 2006.

바 있다.[42] 돈이 되는 사업이기 때문이다.

또한 유전자변형 작물의 개발과 보급은 1차적으로 종자회사의 이윤을 창출하기 위한 사업이다. 거기에 농민의 소득을 운운하는 것은 자신들의 정당성을 확보하기 위해 농민을 앞세우는 말일 뿐이다. 현실이 이러한데, 유전자변형 작물의 개발과 재배가 기아 문제의 해결이라든지 농민의 소득을 위한 것이라고 강조하는 건 사람들을 현혹시키기 위한 사탕발림이 아닐 수 없다. 그냥 솔직히 이윤을 위한 사업이라고 이야기하는 편이 낫지 않을까?

특히 유전자변형 작물과 농민의 소득 문제에 대해서는 산업화된 국가와 개발도상국 사이에 약간의 차이가 존재한다. 농민의 소득 감소가 산업화된 국가에서와는 달리 개발도상국에서는 심각한 사회문제로 이어지는 경향이 있기 때문이다. 산업화된 국가에서는 설령 개인이 경제적으로 파산하더라도 최소한의 법적, 제도적 장치를 마련하여 그를 구제하고 있다. 하지만 개발도상국에서는 아직 그러한 장치들이 부족하여 개인의 경제적 파산이 극단적인 상황으로 이어지는 일이 종종 일어난다.[43] 한때 한국에서도 그러한 일이 비일비재했다. 지금도 OECD 국가에서 자살률이 수위를 다투기는 하지만 과거에 비해 여러 제도적 장치를 마련해놓은 것은 사실이다. 이

---

[42] Christopher K. Wright et al., "Recent land use change in the Western Corn Beltthreatens grasslands and wetlands", *Geographic Information Science Center of Excellence, South Dakota State University*, 2013.

[43] 선진국이나 개발도상국을 막론하고 농민은 사회적으로 열악한 지위에 놓여 있는 경우가 많아, 어느 국가이든 농민의 자살률이 상대적으로 높은 편이다. 〈뉴스위크〉한국판 2016년 8월 1일자 기사 "미국 농민의 자살률 참전군인보다 높다"를 보면, 참전군인의 경우 가장 자살률이 높은 18~29세의 남성 10만 명당 85.64명이 자살을 한 데 비해 농림어업에 종사하는 사람의 경우 10만 명당 90.5명이 자살을 하여 더 높은 자살률을 나타낸다. 이는 다른 선진국에서도 마찬가지이다.

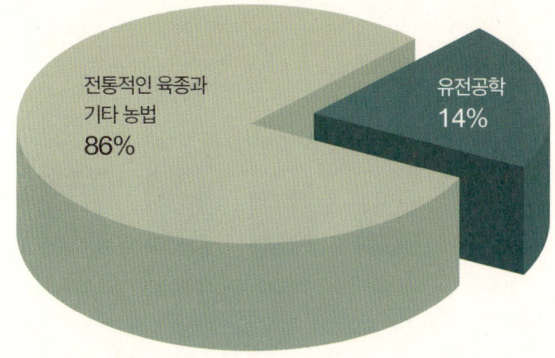

1990년대 초반부터 현재까지 미국의 옥수수 수확량 증가에 유전공학이 기여한 비율. 미국의 우려하는 과학자 연합의 연구에 의하면, 1990년대 초반부터 2008년까지 유전자변형 기술이 미국 옥수수 수확량의 증가에 기여한 비율이 불과 14%에 지나지 않는다고도 주장한다. (Doug Gurian-Sherman, *Failure to Yield: Evaluating the Performance of Genetically Engineered Crops*, Union of Concerned Scientists, 2009 참조)

	항목	유전자변형	비유전자변형
생산비	제초제	32.50	32.50
	살충제(액상)	15.00	15.00
	비료	184.00	184.00
	작물보험	42.00	42.00
	임대료	350.00	350.00
	종자비용	138.30	57.45
총 생산비	합계	761.80	680.95

단위: $

최근 미국에서는 유전자변형 작물의 값비싼 종자 가격 등을 이유로 기존의 비유전자변형 작물 품종으로 돌아가는 농민들도 있다고 한다. 실제로 ISAAA의 2015년 보고서에 따르면, 미국에서 2014년 73만1,000헥타르에서 유전자변형 작물이 재배되었는데 2015년에는 70만9,000헥타르로 소폭 감소했다. 위 그림은 그 이유를 유추할 수 있는 한 예로서, 기존 종자를 이용할 경우 생산비를 81달러 정도 절약할 수 있다. 농사로 생계를 유지해야 하기에 농민들만큼 경제성에 민감한 사람은 없을 것이다. 유전자변형 작물이 모든 농민의 소득을 높이는 것은 아니며, 농민들은 선택지가 여럿일 경우 합리적인 판단에 따라 자신에게 알맞은 씨앗을 선택할 수 있다. (Modernfarmer.com 참조)

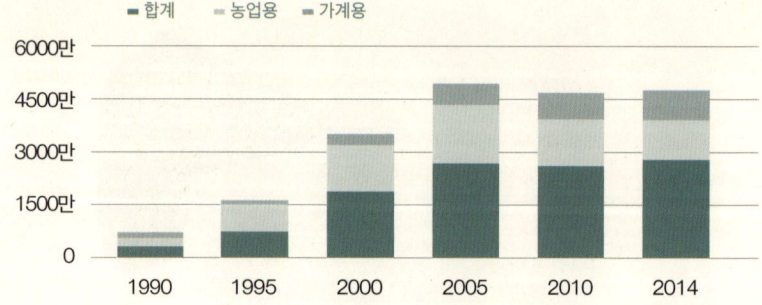

농가부채 문제는 한국에서도 심각한 사회문제이다. (농림축산식품부, 통계청 참조)

문제와 관련하여 인도의 사례가 자주 언급된다. 즉, 유전자변형 면화의 도입으로 농민들이 자살로 내몰리게 되었다며 유전자변형 작물을 비판하는 일이다. 물론 유전자변형 면화의 높은 종자 가격이 인도 농민들의 부채 문제를 더욱 부채질하기는 했다. 그렇지만 이에 대해 전적으로 유전자변형 작물 때문이라 비난하는 것은 문제가 있다. 그에 앞서 인도의 농촌 문제, 사회경제적 문제가 더 근본적인 원인이라 할 수 있기 때문이다. 인도 사회의 자체적인 문제를 빼놓고 유전자변형 작물만 원흉으로 돌린다면, 유전자변형 작물을 재배하지 않는 인도 농민들의 자살 문제는 어디서 원인을 찾을 것인가? 유전자변형 작물이 그들을 죽음으로 내몰았다기보다는 비싼 종자의 가격과 그로 인한 부채가 하나의 계기가 되었다고 보아야 할 것이다.

✓ 유전자변형 작물은 농약 사용을 줄여 더 친환경적이다?

이 또한 그렇기도 하고, 그렇지 않기도 하다. 1998~2011년까지 미국의 유전자변형 옥수수와 대두를 재배하는 농지를 선정, 조사하여 최근 발표된 연구에 의하면, 유전자변형 옥수수의 경우 비유전자변형 옥수수보다 살충제의 사용량은 11.2%, 제초제의 사용량은 13

년 동안 1.3% 감소했다. 하지만 대두의 경우 그렇지 않은 작물보다 28%의 제초제를 더 많이 사용했다고 한다. 특히 유전자변형 옥수수와 대두를 채택한 농민들 모두 시간이 지날수록 제초제의 사용량이 증가하는 경향을 보이는데, 이는 유전자변형 작물의 맞춤형 제초제인 글리포세이트에 내성이 생긴 이른바 슈퍼잡초가 증가했기 때문이라고 분석한다.[44] 이렇게 제초제 저항성 잡초가 증가함으로써 오히려 환경에 더 해를 끼치게 되는 것은 물론, 농민의 수익에도 악영향을 미쳐 위와 같이 비유전자변형 작물을 선택하는 농민들도 생기고 있는 것이다.

슈퍼잡초만이 아니라 슈퍼해충의 문제도 야기된 적이 있다. Bt 옥수수에 내성을 띤 해충을 발견한 것이다. 미국 아이오와 대학의 연구진이 발표한 연구결과에 의하면, 아이오와 주의 일부 농지에서 Bt 독소 3가지 가운데 2가지에 내성을 지닌 옥수수뿌리벌레(Diabrotica virgifera virgifera LeConte)를 발견했다고 한다. 해당 연구진은 이에 대해 이전부터 활용하던 돌려짓기를 권장한다.[45] 미국 중서부의 농민들에게서는 대두와 옥수수의 농산품 가격이 상승하면서 기존 돌려짓기 관행을 무시하고 최대 4년까지도 이어짓기를 하는 모습이 관찰된다는 보고가 있다.[46] 슈퍼해충의 문제도 슈퍼잡초와 마찬가지로, 농민들의 살충제 사용량을 증가시키거나 새로운 살충제의 개

---

44   Edward D. Perry et al., "Genetically engineered crops and pesticide use in U.S. maize and soybeans", *Science Advances*, Vol. 2, 2016.

45   Gassmann, A. J. et al., "Field-evolved resistance by western corn rootworm to multiple Bacillus thuringiensis toxins in transgenic maize", *Proc. Natl Acad. Sci. USA*, Vol.111, No.14, 2014.

46   The National Academy of Sciences · Engineering · Medicine, *Genetically Engineered Crops: Experiences and Prospects*, National Academy press, 2016, p.93.

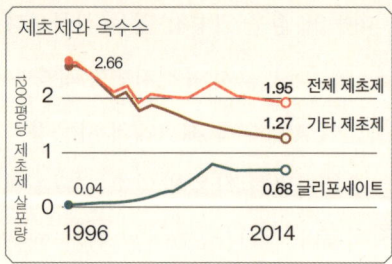 

제초제와 대두 및 옥수수. 옥수수에 사용하는 글리포세이트 제초제가 증가함에 따라, 전체 제초제 사용은 줄었다. (http://www.weedscience.org/graphs/soagraph.aspx 참조)

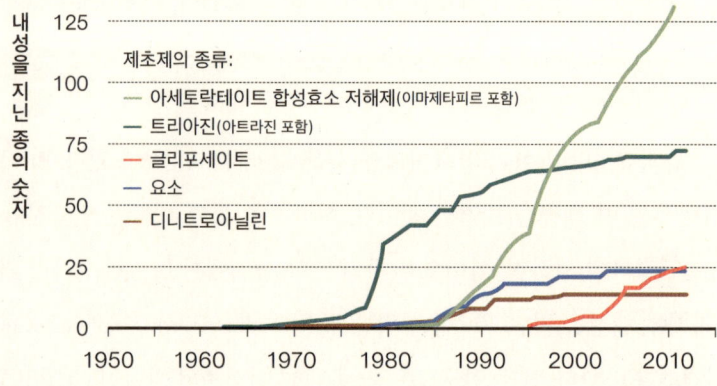

미국 농경지에서 증가하고 있는 제초제 저항성 슈퍼잡초들. 풀들이 제초제에 내성이 생기게 되었다. 1990년대 중반에 유전자변형 작물이 도입되고 글리포세이트에 내성이 있는 것으로 간주되는 풀들이 출현했다. (http://www.weedscience.org/graphs/soagraph.aspx 참조)

밭과 구매, 또는 해충 피해 등으로 인해 수익성을 악화시킬 가능성이 있다.

　이상과 같은 사례들을 볼 때, 유전자변형 작물이 농약의 사용을 줄여 더 친환경이란 주장은 옳을 수도 있고, 그렇지 않을 수도 있다. 딱 잘라 이야기하기 어려운 측면이 있다. 그렇지만 무조건적으로 유전자변형 작물의 재배가 더 친환경적이란 주장은 어폐가 있음을 알 수 있다. '절대'라는 말을 가장 조심해야 한다. 유전자변형 작물은 만병통치약이 아니다.

✓ 유전자변형 작물로 기후변화에 대응하고 환경문제를 해결한다?

그렇다. 유전자변형 기술을 활용해 가뭄이나 홍수, 염분에 강한 작물을 개발할 수 있다. 이를 통해 기후변화로 가뭄이 심해지는 지역이나 홍수가 빈번해지는 곳, 또는 해수면 상승 등으로 염분 피해가 우려되는 지역에서는 유용하게 활용할 수 있는 새로운 품종을 만들어낼 수 있다. 또한 방사능 물질이나 각종 오염원을 흡수하는 능력을 지닌 작물을 개발해 환경문제를 해결하는 데 공헌할 수도 있다. 그러나 그러한 일은 기존의 육종법이나 토종 씨앗으로도 충분히 가능한 일이다. 2009년 싸이클론 아일라가 인도의 동부를 강타해 막대한 피해를 입혔는데, 민간의 종자은행인 브리히(Vrihi)에서 토종 벼를 이용해 지역의 농업을 재건한 사례가 있다. 이 종자은행에서는 토종 벼 가운데 염분 저항성이 강한 4가지 벼를 선발해 순다르반스 지역민들에게 보급사업을 시작하여, 바닷물의 범람으로 농지의 염분 농도가 높아져 신품종으로는 농사가 되지 않는 농지에서 300평당 240kg의 수확을 올렸다고 한다.[47] 다시 한번 이야기하지만, 유전자변형 작물만이 유일한 해결책은 아닌 것이다.

✓ 비타민A 성분을 강화한 골든라이스(Golden Rice)와 같은 유전자변형 쌀로 빈곤층의 영양부족 문제를 해결한다?

그렇다. 그러한 방식으로 영양부족 문제를 해결할 수도 있다. 그렇지만 더 근본적인 원인은 빈곤문제에 있다. 해당 국가의 빈곤층이 더 양질의, 다양한 영양원을 이용할 수 있도록 빈곤문제를 해결하는 것

---

47 Anamitra Anurag Danda et al., *Indian Sundarbans Delta: A Vision*, WWF–India, 2011.

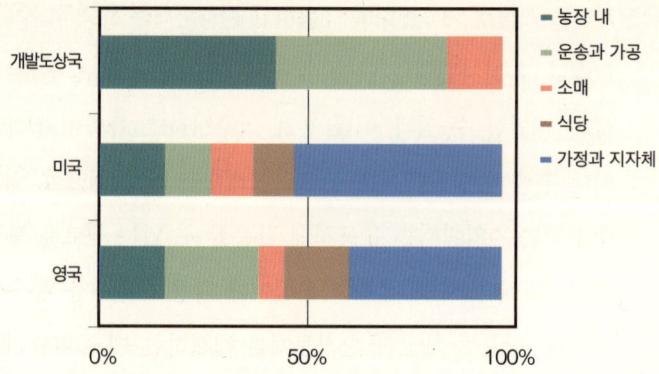

이 그래프에서 보는 것처럼, 개발도상국에서는 주로 농장과 운송 및 가공 과정 중에서 손실이 발생하고, 산업화된 국가에서는 음식물쓰레기로 버려지는 양이 많다. (H. Charles et al., "Food Security: The Challenge of Feeding 9 Billion People", *Science*, Vol.327, 2010, pp.812-818 참조)

이 근본적 해결책이다. 그러한 원인을 해결하지 못한 상태에서 단지 골든라이스 같은 유전자변형 작물을 보급하는 것은 언 발에 오줌 누기 식의 접근일 뿐이다. 앞서 이야기한 식량문제의 해결도 이와 유사한 맥락에서 논의해야 한다. 현재 세계의 식량 생산량은 이미 충분히 현재의 인구를 먹여 살릴 수 있을 정도라고 한다. 하지만 문제는 충분한 양의 식량에 접근하지 못하는 빈곤층의 사회경제적 문제와 먹을거리가 넘쳐 생산되는 식량의 1/3을 음식물쓰레기로 낭비하는 선진국 및 사후관리와 저장시설의 미비로 이미 생산된 식량을 버리게 되는 개발도상국의 상황 등이 맞물려 발생하고 있다는 주장도 있다.

다음으로 반대 측의 주장에는 다음과 같은 것들이 있다.

✓ 유전자변형 작물을 섭취하면 인체에 유해하다?

아니다. 유전자변형에 새롭게 도입된 유전자는 기본적으로 단백질이라 인간이 섭취하면 소화효소에 의해 분해되어 영양분으로 흡수되기 때문에 인체에는 별 문제가 없다고 한다. 그리고 현재 유전자변형 농산물을 일상적으로 가장 많이 섭취하고 있는 것은 역시 가축들인데, 최근의 연구에 의하면 유전자변형 곡물사료를 섭취하는 가축에게서도 아무런 건강 문제가 발견되지 않는다고 한다.[48] 또 살충 독소가 있는 Bt 옥수수의 경우 옥수수의 해충인 특정 곤충에게만 치명적인 토양미생물의 유전자를 이용하는 것이기에 인간이나 가축이 먹어도 아무 해가 없다.

유전자변형 농산물의 섭취와 관련하여 자주 거론되는 실험이 2012년 프랑스 캉 대학의 세랄리니 교수가 행한 연구이다. 그가 200마리의 실험용 쥐를 이용하여 2년 동안 연구를 진행한 결과, 유전자변형 옥수수(NK603)를 섭취한 쥐에서 그렇지 않은 쥐들보다 종양의 발생, 간과 신장의 독성 증가, 수명 단축 등이 나타났다는 내용이다. 그러나 해당 연구에 대해, 유럽식품안전청에서는 OECD의 지침서를 따르지 않은 잘못된 실험절차와 쥐에게 투여된 사료의 제조 및 섭취량에 대한 정보 부족, 암 연구에 사용되는 국제적 연구 기준의 불충족 등을 이유로 연구결과가 과학적이지 않다고 공식발표한 바 있다.

이 외에 제초제 저항성 유전자변형 작물에 사용하는 글리포세이트

---

[48] A. L. Van Eenennaam et al., "Prevalence and impacts of genetically engineered feedstuffs on livestock populations", *Journal of Animal Science*, Vol.92, No.10, 2014, pp.4255-4278.

계통 농약의 위해성이 논란이 되고 있다. 2015년 세계보건기구(WHO)에서는 글리포세이트를 2급 발암물질이라 발표한 바 있다. 그런데 이에 대해 최근 미국 환경보호청(EPA)에서는 글리포세이트가 발암물질이 아니라며 공식적으로 보고서를 발표했다.[49] 문외한인 나로서는 어느 조직의 이야기가 옳은지 정확히 알 수 없지만 최대한 빨리 과학적이고 엄정한 결과가 발표되기만을 바랄 뿐이다. 또한 관련기관에서는 글리포세이트 등의 잔류농약 검사를 더욱 철저하게 진행하여 혹시나 있을지 모르는 피해를 미연에 방지했으면 좋겠다.

✓ 유전자변형 작물은 세상에 존재할 수 없는, 이른바 프랑켄슈타인 같은 존재이다?

그렇기도 하고, 그렇지 않기도 하다. 지금까지 인간이 동물과 식물을 길들여 가축과 작물로 만든 일은 넓게 보아 기존의 유전자를 변형시키는 한 행위였다. 그렇지만 분명 유전자변형 기술은 해당 작물에서는 일어날 수 없는 다른 종의 유전자를 도입할 수 있긴 하다. 초기에 개발되었던 잘 무르지 않는 토마토의 경우 넙치의 유전자를 도입했다고 한다. 하지만 요즘은 유전자 분석기술 등이 발달하면서 같은 종 안에서 유용한 유전자를 찾아내 도입하는 사례가 증가하고 있다. 여러 벼 품종 가운데 가뭄에 강한 벼에서 해당 기능을 담당하는 유전자를 찾아내 도입한다든지 하는 것이다. 자연계에서는 있을 수 없는 이종의 유전자가 도입되는 것에 대한 불안감 등을 해소할 수 있

49　　　*Glyphosate Issue Paper: Evaluation of Carcinogenic Potential*, EPA's Office of Pesticide Programs, 2016.9.12.

는 방법으로, 유전자변형을 통해 괴물 같은 걸 만들어내는 게 아니라고 할 수 있다.

✓ **유전자변형 작물이 자연생태계를 오염시킨다?**

그럴 가능성도 있다. 유전자변형 작물은 조건이 맞을 경우 근연종과 교배가 가능하다. 2001년, 옥수수의 원산지이자 유전자변형 옥수수가 재배된 적이 없는 멕시코 오악사카(Oaxaca) 지방의 토종 옥수수에 유전자변형 옥수수의 유전자가 유입되었다는 논란이 대표적이다. 당시 이러한 내용이 〈네이처〉에 발표되며 큰 파장이 일어난 적 있다. 그러나 해당 논문은 사후검증 과정에서 과학적으로 입증되지 않는다고 하여 2002년 4월, 〈네이처〉의 편집자가 해당 논문의 게재는 잘못이었으며 정식으로 논문의 게재를 취소한다는 발표를 했다. 그런데 유명한 환경단체인 그린피스에서는 식용으로 수입한 유전자변형 농산물의 일부가 재배되면서 토종 작물을 오염시킬 수 있다고 경고해왔는데, 이번 일도 그러한 과정에서 해당 유전자가 발견된 것으로 추정했다. 2002년 1월, 멕시코 정부는 22개 조사지역 중 15개 지역의 토종 옥수수가 오염되었다고 공식적으로 확인했다.

이러한 일은 한국에서도 얼마든지 일어날 수 있는 일이다. 환경부 국립환경과학원에서 2009년부터 2012년까지 유전자변형 작물로 의심되는 식물을 분석한 결과, 2009년에는 8곳에서, 2010년과 2011년에는 10곳에서, 2012년 19곳에서 유전자변형 작물이 자생하는 것을 확인한 바 있다. 발견된 유전자변형 작물에는 옥수수가 28개로 가장 많고, 뒤를 이어 면화 12개, 유채 6개, 콩 1개였다. 보고서에 의하면 주로 축산농가가 있는 곳으로 해당

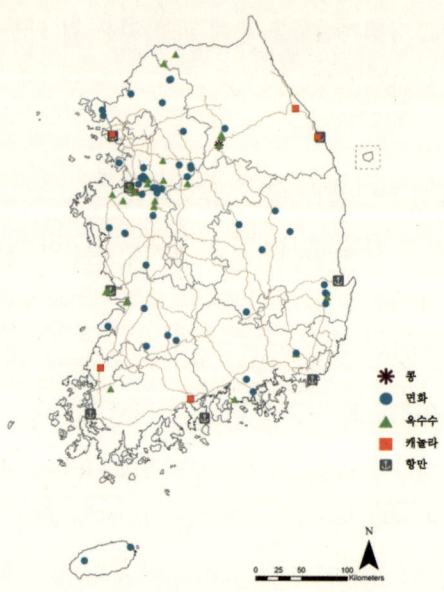

2009~2015년 LMO 분포도. (이중로 외, 『LMO 자연환경 모니터링 및 사후관리 연구[VII]』, 환경부, 2015, 88쪽.)

유전자변형 농산물을 수입해서 각지의 사료공장과 축산농가로 운송하는 과정에서 낙곡이 발생한 것으로 추정하고 있다.[50] 또한 2015년의 조사에 의하면, 2009~2014년까지 6년 동안 총 2,843개 지역(중복 포함)에서 모니터링을 한 결과 총 66개 지역에서 유전자변형 작물을 발견했다. 이 가운데 재발견된 지역은 16개로 나타났다고 한다. 검출된 것은 유전자변형 유채가 1곳에서 1개, 유전자변형 옥수수가 5개 지역에서 10개(생육중 7개, 낙곡 3개), 유전자변형 면화가 26곳에서 40개였는데, 2015년의 조사에서는 과거와 달리 동/리 기준으로 같은 지역의 시료를 섞어서 분석하지 않고 각 개체별로 분석하였더니 같은 지역에서 동일한 이벤트가 발견되는 경우도 확인되었다고

50   최희락 외, 『LMO 자연환경모니터링 및 사후관리 연구(IV)』 국립환경과학원, 2012.

한다. 해당 보고서에서는 이를 통해 볼 때 "얼마든지 기존 농작물과 교잡이 일어날 수 있는 가능성이 상존하는 것"이라 지적하며, "유전자 이동 등의 환경위해성에 대한 대응방안 마련이 시급한 실정이다"라고 결론을 내린다.[51] 유전자변형 작물은 안전하게 철저히 관리하여 유전자가 유출되거나 교잡이 되지 않는다는 건 시험포장의 일일 뿐, 수입된 곡물사료의 이동 과정에서 발생하는 유출은 해당되지 않는다는 사실을 확인할 수 있다.

마지막으로 유전자변형 작물의 상업적 재배를 반대하는 가장 큰 이유로 '지속가능성'을 꼽을 수 있을 것 같다. 자연환경에 속한 농업생태계의 지속가능성만이 아니라 인간사회에 속한 농민의 삶도 지속가능해야 한다. 그런데 지금의 상황은 어떠한가? 현재 한국 농업의 관행은 지속가능한 방향으로 나아가고 있는가? 또 농민의 삶은 지속가능한가? 나는 둘 다 아니라고 답하고 싶다.

유전자변형 작물로 인한 슈퍼잡초의 발생을 이야기하기에 앞서, 그것이 아니더라도 현재의 농업은 지나치게 제초제와 같은 화학물질에 의존하면서 농지를 둘러싼 생태계에 악영향을 미치고 있다는 사실을 지적해야 한다. 2011~2012년 충청북도 농업기술원에서 400곳의 시료를 채취해 조사한 결과, 충북의 논에서 발견되는 잡초 가운데 약 27%가 제초제에 내성이 생겼다고 발표했다. 이는 비단 충북만의 일이 아니다. 2008년까지 전국의 논에서 발견된 제초제 저항성 잡초의 면적이 10만 7,000헥타르에서, 2012년의 조사에서는 16만 7,081헥타르로 증가했다. 그 원인은 농민들이 오랫동안 1가지 종류의 제초제만 사용한 데 따른 것으로, "2~3년 주기로 성분이 다른 제초제로 바꿔 사용"하며 "이앙 후 5일 내 초기 방제용 약제를 사용"하

51   이중로 외, 「LMO 자연환경 모니터링 및 사후관리 연구[VII]」, 환경부, 2015, 92쪽.

라고 권장한다.⁵²

　농약과 관련해서는 이런 문제도 있다. 네오니코티노이드라는 성분의 살충제가 있다. 이는 담배잎에 함유된 알칼로이드라는 것을 활용해 만드는데, 인간을 포함한 포유류에게 비교적 독성이 낮다는 이유로 세계 도처의 농지에 널리 쓰이게 되었다. 그런데 이것이 꿀벌에게 치명적인 독으로 작용한 것이다. 이전까지 과학자들은 꿀벌이 살충제가 뿌려진 작물을 피할 수 있는 능력이 있다고 생각했는데, 실제로는 그렇지 않다는 사실이 밝혀진 것이다. 아니 오히려 네오니코티노이드 성분이 함유된 먹을거리를 더 선호하기까지 하는 모습을 보여주었다.⁵³ 벌이 사라지면 어떻게 될까? 매개자가 있어야만 수정이 되는 식물은 씨앗을 맺지 못할 것이다. 그렇게 되면 당연히 농업에도 막대한 타격이 있을 수밖에 없고, 이는 곧 우리의 밥상에 큰 영향을 미칠 것이다.

　농약만이 문제가 아니다. 생산성 향상을 위해 취한 경지정리와 농수로 현대화 같은 사업들도 생태계에 악영향을 미치기는 마찬가지이다. 화학비료의 남용은 수중 생태계를 망가뜨린 지 오래이고, 매년 녹조와 적조가 연례행사처럼 일어나고 있다. 이뿐만 아니다. 화학비료는 토양을 죽이고 있기도 하다. 특히 시설하우스에서 자주 발생하는데, 연중 지나치게 집약적으로 작물을 재배하며 너무 많은 양의 비료를 살포해 이것이 토양에 남게 되면서 일어나는 염류집적이 대표적이다. 이런 땅에서는 작물은 물론 여러 토양생물들도 살아가기 힘들다. 이러한 일은 관행농업만의 문제가 아니라

52　　김은정 외, "충북지역 제초제 저항성 논잡초의 농가관리 실태 및 발생면적 조사", *Weed Science and The Turfgrass Society of Korea*, 2013.

53　　Sébastien C. Kessler et al., "Bees prefer foods containing neonicotinoid pesticides", *Nature*, Vol.521, 2015, pp.74–76.

는 게 중요하다. 유기농업에서도 화학비료 대신 축산퇴비 등을 과다하게 사용했을 경우에 발생하는 일이기도 하다. 그래서 서두에도 이야기했듯이 '유기'농업이 단순히 화학농자재만 사용하지 않으면 된다는 식의 접근은 곤란하다. 좀 더 포괄적이고 다층적으로 농업과 그를 둘러싼 자연 및 사회 생태계를 살필 수 있어야 한다.

이러한 상황에서 현행 농업의 관행을 그대로 묵과하면서 단순히 유전자변형 작물의 환경 유해성만 논하는 것은 말도 안 된다. 『소농은 혁명이다』의 저자 전희식은 그의 책에서 현재의 농업관행을 전환하여 생태농업을 실천하는 소농을 적극적으로 지원해야 한다고 주장했는데, 이러한 이유로 그 근거를 얻을 수 있지 않을까. 쌀값이 폭락한다며 당장 생산량을 줄일 수 있게 이른바 절대농지라고 불리는 농업진흥지역을 단계적으로 해제하자는 의견이 정치권에서 나오고 있다. 너무 근시안적이라 무어라 대꾸하기도 싫은 멍청한 소리가 아닐 수 없다. 그에 대한 반대로 농업의 다원적 기능과 그 혜택을 주장하며 농지의 보존이 중요하다고 강조하는 의견도 나오고 있다. 그런데 실제 그러한 혜택을 누릴 수 있도록 화학농자재 고투입형인 현재의 농법도 전환되어야 타당성을 얻을 수 있지 않을까? 그리고 그러한 농업이 뿌리를 내리고 실천되는 곳이라면 아무리 상용화를 한다고 해도 유전자변형 작물 같은 것도 발을 들여놓지 못할 것이다.

2015년 현재, 세계에서 재배되는 유전자변형 작물 가운데 제초제 저항성 작물이 86%를 차지한다.[54] 왜 제초제 저항성 작물이 그렇게 많이 재

---

[54] 2015년 세계에서 이용되는 유전자변형 작물의 현황은 제초제 저항성 작물의 재배면적이 총 9590만 헥타르로 53%, 제초제 저항성과 해충 저항성의 복합형질을 갖는 작물이 5850만 헥타르로 33%, 해충 저항성 작물이 2520만 헥타르로 14%, 바이러스 저항성과 기타 특성의 작물이 100만 헥타르 미만으로 1% 미만을 차지한다. 『유전자변형 작물 Q&A』, 농촌진흥청 국립농업과학원, 2015, 15쪽 참조.

배되는 것일까? 그것은 대규모 단작 방식의 현대농업에 적합하기 때문이다. 대규모 단작이 널리 퍼지면서 풀은 해결하기 어려운 문제가 되었다. 농사의 규모가 작다면 손이나 간단한 농기구로도 충분히 해결할 수 있지만, 규모가 커질수록 풀을 처리하는 일은 어려워진다. 하다못해 사람이라도 고용하려면 그 인건비는 어떻게 감당하겠는가? 한국에서 해마다 엄청난 양의 농사용 비닐이 사용되는 이유 가운데 하나도 풀 때문이다. 한국같이 상대적으로 농지 규모가 작은 곳에서도 이러한데, 미국이나 남미 같은 곳에서야 오죽하랴? 그런데 제초제를 맞아도 죽지 않는 작물이 있다면 그것이야말로 혁명과도 같은 일이었으리라! 현재 광활한 농지를 지닌 북남미나 중국, 인도, 호주 등지에서 주로 유전자변형 작물을, 특히 제초제 저항성 작물을 재배하는 것은 그러한 이유 때문이다. 값비싼 사람을 쓰는 대신 제초제를, 그것도 비행기로 살포하면 골치 아픈 풀만 죽고 작물만 자랄 수 있다고 상상해보라! 그리고 이제 다국적 농기업들의 눈은 광활한 아프리카 대륙과 동남아시아 일대의 농경지를 바라보고 있다. 미개발의 그곳에서 새로운 이윤을 창출하고자 호시탐탐 기회를 노리고 있다. 이미 국제원조나 협력사업 등의 다양한 방식으로 그곳에 진출하고 있다는 건 알 만한 사람은 다 아는 사실이다.

　　일각에서는 유전자변형 작물이 한국의 농업을 파괴할 것이라 우려한다. 한국의 농지가 그를 수용할 만큼 경제적 타당성이 있는지는 잘 모르겠다. 하지만 그러한 일이 아니더라도 한국의 농업은 이미 피폐해져 있는 상황이다. 이러한 상황에 안정적으로 농사로 생계를 이어갈 수 있는 사람이 누가 있겠는가? 그 단적인 사례가 40대 이하의 젊은 농민들이 농촌과 농업을 떠나고 있는 현상이 아닐까 한다. 방송에서는 농업에서 새로운 길을 찾는 젊은이들의 모습이 나오곤 하지만 그런 사람은 극소수이다. 대부분

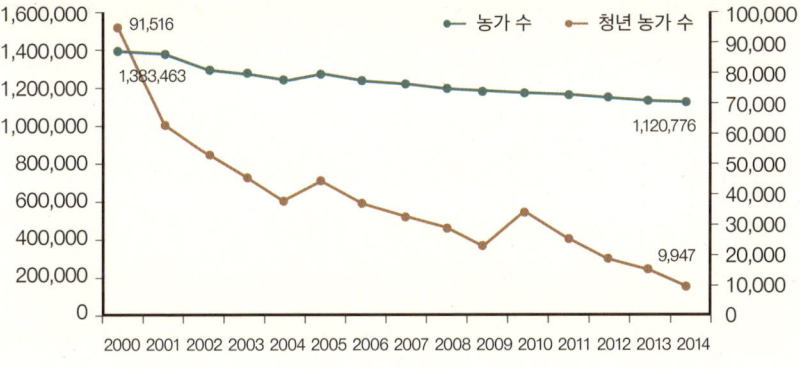

가장 경제활동을 왕성하게 할 40대 이하의 젊은 농가가 줄어든다는 건, 그만큼 위기에 처한 한국 농업의 현실을 보여준다. (한국농촌경제연구원 참조)

은 농촌과 농업에 '미래'가 없다는 걸 절감하고 가족과 생계를 위해 떠나고 있다. 씨앗을 비롯한 농약, 비료, 농기계 등 농자재 가격은 해마다 오르지만 어찌된 일인지 농산물 가격은 매년 그놈이 그놈인 수준이다. 돈을 벌어야 아이들 교육도 시키고, 부모님이 병원도 다니고, 맛있는 외식도 하고, 남들 다 가는 해외여행도 갈 텐데, 매일 농사일에 쫓기지만 수중에 들어오는 수입은 생각보다 형편없기만 하다. 변변한 문화시설이 있기나 하나, 아플 때 뛰어갈 병원이 있기는 한가, 또 아이들이 걸어다닐 만한 거리에 학교나 학원이 있는가, 장을 볼 수 있는 마트는 읍내에나 나가야 있고, 주변에 또래의 젊은 농민은 찾아보려야 찾아보기 힘드니 아이들이 친구 사귀기도 어렵다. 이런 현실에서 과연 농민의 삶은 '지속가능할' 수 있는가?

또 유전자변형 작물이 상용화되면, 당장은 어떨지 몰라도 장기적으로는 종자 가격이 상승하여 생산비가 높아질 염려도 있다. 이는 이른바 특허권 또는 지적재산권 같은 품종보호라는 것과 연관이 있다. 자급을 대전제로 농사가 이루어지던 시절에 농장은 하나의 닫힌 세계였다. 외부에서 가

겨울 에너지도 농자재도 흔하지 않았기 때문에 더욱 그러했다. 그러한 환경에서는 내부의 자원을 최대한 순환시키는 것이 '지속가능성'을 담보하는 중요한 방법이었다. 그래서 당연히 씨앗도 수확 이후 갈무리하여 다시 심음으로써 내부에서 순환시켰다. 혹 씨앗을 받지 못하여 '밑지게' 되어도 마을이라는 좀 더 큰 닫힌 세계 안에서 다시 공급받을 수 있었다. 그러한 농민의 삶과 함께 토종 씨앗도 살아갈 수 있었다. 하지만 씨앗을 받고 이어나가던 행위가 기업에게 넘어간 뒤 모든 결정권은 종자회사에게로 넘어갔다. 예전에는 스스로 씨앗을 받아 심고, 또 이웃 사이에 나누어 쓰던 농민들이 종자회사들이 정한 가격을 지불하고 종자를 구매하게 되었다. 신품종의 개발과 그에 대한 지적재산권 확보 및 관련된 연구개발비 등이 종자의 생산비에서 차지하는 비중이 커지는 것과 비례하여 종자의 가격은 비싸질 가능성이 높다. 지난 수십 년 동안 유전자변형 같은 새로운 육종기술로 연구개발비가 가파르게 상승했으며, 이는 종자 가격의 상승으로 이어졌다고 한다.[55]

하나의 유전자변형 작물을 개발하여 시판하기까지는 약 5000만~1억 달러 정도의 비용과 평균 10년이란 시간이 필요하다고 한다. 산업화 이후 상전벽해처럼 상황이 크게 달라진 것이다. 산업화 이후에는 씨앗은 물론 직접 만들어서 쓰던 거름이며 농기구, 심지어 노동력까지 외부에서 '돈'으로 구매하여 들여와 공급하게 되었다. 이를 전문으로 하는 기업들도 하나둘 생겼다. 시간이 지날수록 외부투입재에 대한 의존도는 더 높아졌고, 이제는 막말로 돈이 없으면 더 이상 농사를 지을 수 없을 정도가 되었다. 그렇게 내부의 순환체계를 잃고 외부 충격에 대한 탄력성을 잃으면서, 이제 농업은 외부 요인에 따라 심하게 뒤흔들리는 업종이 되었다. 유가라든지 원자

---

55 장재봉, 「미국 종자산업의 기술 발전」, 『세계농업』, 제120호, 2010.

비용 유형	비용 범위
규제기관 이관 준비비용	2만-5만 달러
분자생물학적 분석	30만-120만 달러
조성평가	75만-150만 달러
동물실험 및 안전성 검사	30만-84만5천 달러
단백질 생산 및 분석	16만2천-172만5천 달러
단백질 안전성 검사	19만5천-83만5천 달러
비표적 생물체 검사	10만-60만 달러
농업 및 표현형 검사	12만-46만 달러
조직생산	68만-220만 달러
ELISA 개발, 검정, 발현 분석	41만5천-61만 달러
작물보호성분(PIP)확인을 위한 환경보호청 비용	15만-71만5천 달러
환경영향평가	3만2천-80만 달러
EU수입비용(검출방식, 사용료)	23만-40만5천 달러
캐나다 비용	4만-19만5천 달러
관리 비용	25만-100만 달러
독성검사(90일 쥐 실험)	25만-30만 달러
시설의 유지 및 관리 비용	60만-450만 달러
전체 비용	706만-1544만 달러

해충 저항성 옥수수의 규제준수 비용(Burril&Company 참조)

재 가격 등에 따라 농자재 가격이 오르락내리락하면 따라서 생산비가 요동을 치고, 그에 비해 농산물 가격은 기후변화나 시장 개방으로 인한 수입 농산물에 따라 갈팡질팡한다. 이렇게 정신을 차릴 수 없는 상황에서 농민들에게 경쟁력을 갖추라고 채근하는 것은 이제 막 걸음마를 뗀 아이에게 뛰라고 밀치는 것과 같다. 그들의 고삐를 쥐고 있는 건 이제 농민 본인이 아니라 씨앗을 비롯한 농자재 판매업체인 것 같다. 해마다 막대한 금액의 보조금이 농업에 투입되지만 정작 돈을 버는 건 업자들뿐이고 농민들은 '개털'이란 소리가 나올 정도이니 말이다.

비용 유형	비용 범위
규제기관 이관 준비비용	2만–5만 달러
분자생물학적 분석	30만–120만 달러
조성평가	75만–150만 달러
동물실험 및 안전성 검사	30만–84만5천 달러
단백질 생산 및 분석	16만2천–172만5천 달러
단백질 안전성 검사	19만5천–83만5천 달러
비표적 생물체 검사	10만–60만 달러
농업 및 표현형 검사	12만–46만 달러
조직생산	68만–220만 달러
ELISA 개발, 검정, 발현 분석	41만5천–61만 달러
잔류농약 검사	10만5천–55만 달러
EU수입비용(검출방식, 사용료)	23만–40만5천 달러
캐나다 비용	4만–19만5천 달러
관리 비용	25만–100만 달러
독성검사(90일 쥐 실험)	25만–30만 달러
시설의 유지 및 관리 비용	60만–450만 달러
전체 비용	618만–1451만 달러

제초제 저항성 옥수수의 규제준수 비용

'돈'으로 농업을 좌지우지하는 건 이제 전 세계적인 현상이기도 하다. 인도의 농민들이 면화 농사를 지으려고 씨앗을 사면, 그들 중 적어도 75%는 몬산토의 상품을 구매하게 된다고 한다. 또 라틴아메리카의 농민들이 농지에 심은 유전자변형 콩에 농약을 살포하려면 독일의 바이엘이나 미국의 듀폰에서 제공하는 제품을 구매해 사용해야 한다. 그리고 아프리카 대륙의 농민들이 옥수수 밭에 비료나 농약을 주려면, 스위스의 신젠타에서 생산한 제품을 쓰게 된다. 한국이라고 그들과 사정이 다르지 않다. 몬산토코리아, 신젠타코리아, 바이엘 등은 이제 우리에게도 친숙한 기업이니까.

그래도 최근까지는 6~7개의 다국적 농기업들이 세계의 종자와 화학

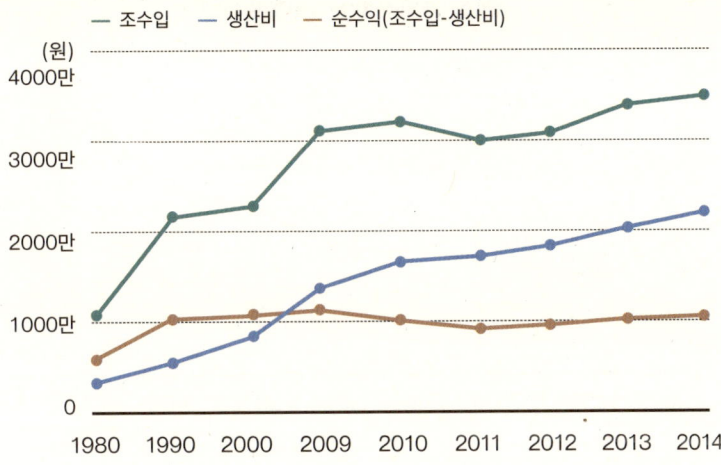

1980년대 농가의 매출은 급성장했으나 생산비가 꾸준히 상승하는 등의 요인으로 농가소득은 제자리걸음을 면하지 못하고 있다. (농림축산식품부, 통계청 참조)

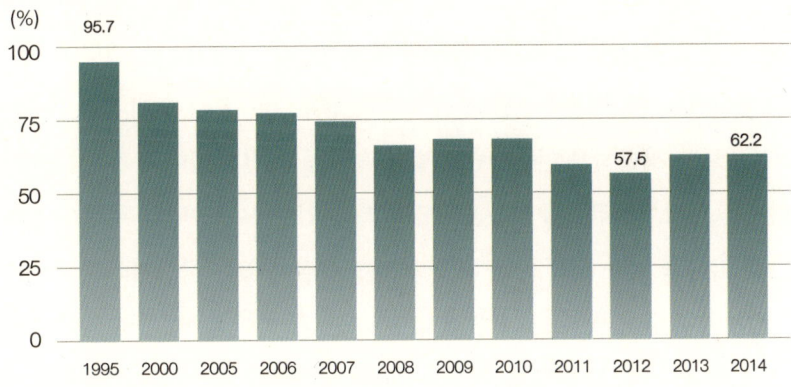

농가소득이 정체되면서 도농 격차는 갈수록 심화되고 있다. (농림축산식품부, 한국농촌경제연구원 참조)

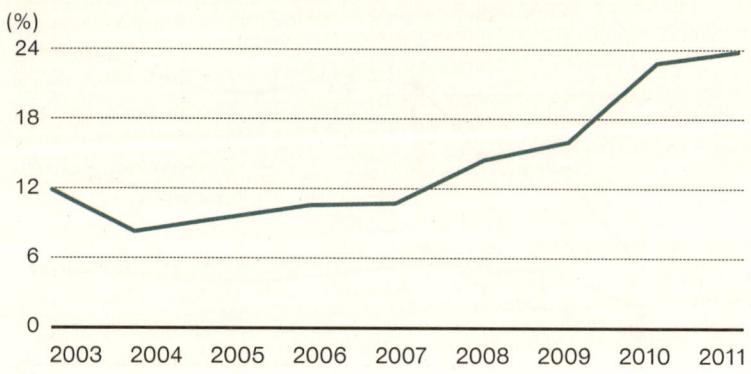

최저생계비 이하 농가비중 변화 추이

농촌의 빈곤문제가 심각해지고 있다. 이는 고령화와 함께 가속화될 전망이다. (한국농촌경제연구원 참조)

농자재 시장을 놓고 서로 경쟁을 벌였다. 2007년 세계의 10대 종자회사들의 매출액은 148억 달러로, 전체 시장 점유율이 67%에 달했다. 그중 상위 4개 농기업이 전 세계에 판매되는 종자의 50% 이상을 공급했다.[56] 그런데 지금 그 판도에도 큰 변화의 바람이 불고 있다. 최근 몇 년 사이 거대한 다국적 농기업들이 활발하게 인수합병을 벌이고 있는 것이다. 이미 듀폰과 다우가 합병을 했고, 중국의 중공화공은 신젠타를 인수하여 농업의 현대화에 박차를 가하고 있다. 그리고 몬산토. 농업에 관심이 있는 사람이라면 악마의 기업처럼 묘사하곤 하는 그 몬산토마저 독일의 바이엘에게 인수되려고 한다. 현재 두 기업 사이의 협상은 마무리된 상태이고, 조만간 유럽연합과 미국의 관계기관이 승인만 하면 '초대형 다국적 농기업'이 탄생하게 된다. 우리는 시대가 크게 변하려고 하는 역사적 순간을 살고 있는 것이다.

56 박기환 외, 「종자산업의 동향과 국내종자기업 육성방안」, 한국농촌경제연구원, 2010.

이렇게 세계적인 다국적 농기업들이 인수합병을 한 결과, 이제 단 3개의 기업이 세계 종자시장의 약 60%를 통제하고, 약 70%의 농약과 화학비료 같은 농자재 시장을 손에 넣으며, 그리고 유전자변형 작물의 거의 전부를 좌지우지하게 된다. 이들의 움직임은 여기서 그치지 않을 것이다. 초대형 다국적 농기업들은 종자와 화학농자재만이 아니라, 앞으로 농업에 큰 영향을 미칠 농업용 빅데이터(기후변화, 농작물 수확 등을 예측)와 농업용 로봇, 농장 무인관리기술 등 최첨단 농업기술을 틀어쥐게 될 것이다. 즉, 농업과 관련된 돈벌이 전반을 단 3개의 기업이 과점하게 되는 현상이 벌어질 것이다. 과점으로 인한 뒷거래가 실제로 일어날까? 음모론이 무성하게 피어오를 수 있는 사건들이 발생할까? 그보다 그들의 영업활동으로 인하여 세계 곳곳에 대규모 단작이 더 확산되고, 가족을 중심으로 한 소농의 삶은 더욱더 궁지로 내몰릴까? 안타깝게도 그럴 확률이 높다. 농기업들이 과점으로 농업 관련 시장을 장악함으로써, 경쟁이 사라져 먹을거리와 농자재 가격이 상승할 것이란 보고서도 있다.[57]

유전자변형 작물의 문제는 파면 팔수록 참 어려운 문제이다. 이 문제는 단순히 작물과 농업의 차원에서만 논의할 것이 아니라, 그를 둘러싼 사회, 정치, 경제, 역사적 맥락까지 두루 살피면서 그것이 미칠 영향과 파장, 효과 등을 논의해야 한다. 즉, 유전자변형 작물의 문제는 농업의 문제로 그치는 것이 아니라 우리 사회의 문제이다. 인간이 걸어온 농경의 역사는 끊임없는 육종의 역사였고, 그러한 맥락에서 유전자변형 기술도 그 하나의 수단에 지나지 않는다. 하지만 간과해서는 안 되는 건, 계속 언급했듯 과학기술과 자본 그리고 권력이 서로 복잡하게 얽혀 있다는 사실이다. 유전자변

---

57 여기에 대해서는 iPES FOOD의 보고서 *From Uniformity to Diversity*, 2016 참조

형 작물을 '악마의 씨앗'처럼 몰아붙이면 아무 대화도 할 수 없다. 누구는 러시아의 푸틴 대통령이 단지 유전자변형 작물을 나쁘게 언급했다는 이유로 그의 모든 것을 옹호하는 모습을 보여주기도 했다. 이러한 태도는 무조건적으로 유전자변형 작물을 옹호하는 것과 마찬가지로 위험하다.

솔직히 이야기하자면, 유전자변형 작물은 기존 종자회사의 주요 수입원이었던 1대잡종 종자의 상품성 개선품이 아닌가 한다. 거기에 대해 식량 문제니, 기아의 해결이니, 기후변화와 환경문제의 대책이라느니 하는 주장은 사람들을 현혹시키는 말 같다. 유전자변형 작물의 씨앗을 다시 받아서 심으면 안 되는 이유는 무엇인가? 종자회사에서 그런 씨앗을 판매하지 못하기 때문이다. 이는 다른 방식으로 개발된 기존의 모든 종류의 씨앗이 다 그렇다. 이를 위해 특허권이니 지식재산권이니 하는 법적 장치로 품종을 보호하는 것이다. 그래야 산업이 유지되기 때문이다. 한켠에선 유전자변형 작물은 터미네이터 씨앗이기에 그걸 재사용할 수 없다는 주장을 하기도 한다. 하지만 그렇지 않다. 분명 종자회사에서 그러한 종류의 씨앗을 개발한 적은 있으나, 강한 반대에 그런 류의 씨앗을 시판하지는 않았다. 대신 잘 알려진 캐나다 유채 농부의 사례처럼, 특허로 보호받는 종자의 유전형질이 우연히 자신의 재배작물에 포함되게 된 농민들을 고소하여 씨앗을 받아 농사짓는 행위를 막고 있다.

상품성 좋은 농산물을 생산하기 위해 1대잡종 씨앗을 구입하여 심는 농민들은 일종의 터미네이터 씨앗을 심고 있는 셈이다. 잡종강세를 이용해 육종한 씨앗은 다시 받아서 심을 경우 2대째에는 상품성이 현저히 떨어지는 농산물이 나오기에 씨앗을 재구매할 수밖에 없다. 그렇다고 토종 씨앗으로 농사를 짓는 것이 대안일까? 현재로선 그렇지 않다. 지금 사회의 유통구조에서는 그 농산물의 가치보다 생산량에 따라 가격을 매기는 관행이 있기 때문이다. 절대적인 양이 뒷받침되지 않으면 농민의 생활은 곤궁해질 수밖에 없는 사회구조이다. 소비자는 또 어떠한가. 상황에 따라 다르지만, 유전자변형 옥수수의 경우 일반 옥수수와 1톤당 가격이 약 5배 차이가 난다. 현재 한국의 축산업에서는 대부분 유전자변형 곡물사료를 쓰고 있는데, 이를 비유전자변형 곡물사료로 바꿀 경우 최대 5배 정도의 생산비 차이가 난다는 뜻이다. 생산비의 상승은 축산물 가격의 상승으로 이어진다. 지금도 한우는 너무 비싸다고 선뜻 먹지 못하고, 돼지고기 삼겹살도 휴가철이면 100g당 4천 원에 육박하곤 하는데 그 5배의 가격이 된다고 생각해보라. 또 유전자변형 농산물을 이용해 생산하던 과자, 음료, 간장, 된장, 식용유, 두부 등의 식료품 가격도 산술적으로 5배는 뛴다는 소리인데 이를 소비자들이 감당하겠는가 묻지 않을 수 없다. 이처럼 농업과 관련된 근본적인 문제는 사회구조에 있고, 그것이 바뀌지 않는 한 현재의 농업 관행 또한 바꾸기 어려울 것이다.

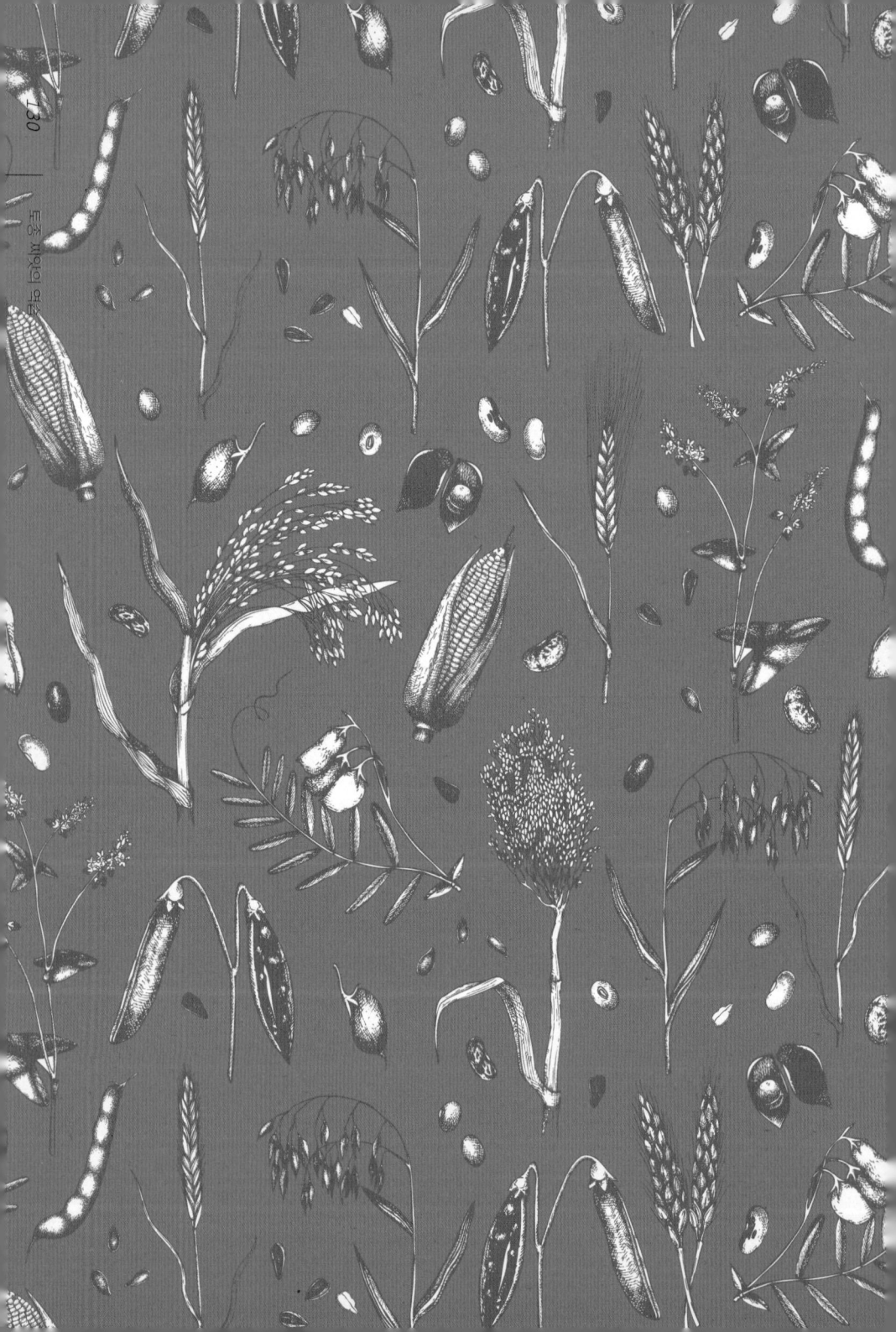

CHAPTER
3

토종, 뭣이 중헌디

토종 씨앗은 농민들의 선택을 받지 못하며 하나둘 역사의 뒤안길로 사라져 갔다. 농민들 입장에서도 시대의 변화에 맞추어 생계를 유지하며 살아야 했기에 그러한 결정을 내릴 수밖에 없었다. 그러면 토종 씨앗은 이대로 사라져도 괜찮은 것인지 묻지 않을 수 없다. 여기에서는 우리가 토종 씨앗을 보전할 만한 가치는 아무것도 없는 것인지, 만약 있다면 어떠한 측면에서 그러한지에 대해 따져보도록 하자.

토종 씨앗은 식량주권
실현의 근간

이 이야기를 꺼내기에 앞서, 먼저 식량주권이 무엇인지 명확히 할 필요가 있다. 흔히들 식량안보(Food Security)와 식량주권(Food Sovereignty)을 혼동하는 경우가 많기 때문이다.

간단히 말하자면, 식량안보는 1996년 세계 식량정상회의의 '로마선언'과 '행동계획'에서 강조되기 시작한 개념이다. 이 회의에서는 전 세계 176개국 정상이 함께 모여 2015년까지 세계의 기아로 고통받는 사람들을 반으로 줄이자고 합의한 바 있다. 20년이 지난 현재 아직도 세계에는 10억 명에 가까운 사람들이 여전히 기아에 허덕이고 있지만 말이다. 식량안보라는 개념에서 가장 중요한 것은, 식량을 자국에서 생산하거나 해외에서 수입하는 것에 관계없이 한 국가의 구성원들이 모두 적절한 영양을 공급받는다는 점이다. 그래서 식량안보를 달성하기 위한 수단의 하나로, 국제적인 농산물 무역의 필요성을 내세우며 농산물을 자유무역의 대상으로 삼으면서 다국적 농기업들의 이해를 반영하게 된다. 이 논리에 따라 식량안보에서는 효율성과 생산성 향상을 중요시하며, 이른바 "기업의 식량체제"를 확산시키는 데 일조한다.[58] 그래서 식량안보는 농업 관련 기업에게 유리한 모델이자, 녹색혁명 식의 다수확 농업에 뿌리를 둔 모델이라는 비판을 받기도 한다. 이로 인하여 대규모 공업화된 기업농이 토지의 집약화, 전문화된 생산 및 농산물의 자유무역을 확산시키고, 그 부작용으로 소규모 가족농의 생계를 위협하고 생태계가 파괴된다는 것이다.

이에 반하여 식량주권은 1996년 당시 세계 식량정상회의에 대항하여 개최된 NGO 세계포럼에서 비아 깜페시나(Via Campesina)[59]라는 국제적 농민단체가 새롭게 만들어 주창한 용어이다. 식량주권의 논리에 의하면, 현재 세계의 식량체계를 지배하고 있는 다국적 농업 관련 기업들과 농산물의 자유무역을 지원하기보다, 먹을거리를 생산, 분배, 소비하는 주체들이 식량의 생산과 분배 구조 및 그 정책들을 통제해야 한다고 강조한다.[60] 지배적인 담론인 식량안보에 대항한 하나의 운동으로서 탄생한 개념인 것이다. 푸드 퍼스트(food first)의 피터 로젯(Peter Rosset) 씨는 "식량주권은 식량안보 너머의 개념이다. 식량안보는 모든 이가 매일 먹을거리를 충분히 먹어야 한다는 확실성에 기반을 두지만, 그것이 어디에서 어떻게 생산되어 온 것인지에 대해서는 묻지 않는다"고 지적했다. 식량주권은 공정하게 분배된 농지와 물, 농민이 통제하는 씨앗, 건강하고 지역에서 재배한 먹을거리를 소비자에게

---

58 Philip McMichael, "A food regime genealogy", *Journal of Peasant Studies*, 2009, pp.139-169.

59 '농민의 길'이라 옮길 수 있는 이 단체는 1993년 유럽과 라틴아메리카, 아시아, 북미, 아프리카의 농민단체들이 설립한 것으로서, 자세한 내용은 『비아캄페시나』, 한티재, 2011.를 참고하길 바란다.

60 Food First, "Global Small-Scale Farmers' Movement Developing New Trade Regimes", *Food First News & Views*, Vol.28, No.97, 2005.

이슈	식량안보 모델	식량주권 모델
무역	모든 것의 자유무역	식량과 농업은 자유무역에서 제외
생산의 우선순위	농산물 수출	지역 시장을 위한 먹을거리
작물 가격	시장의 지시대로(작물의 가격이 낮든지, 투기로 가격이 폭등하든지)	생산비를 충당하고 농민과 농업노동자가 존엄하게 살 수 있는 공정한 가격
시장 접근	해외 시장을 지향	지역 시장을 지향, 농기업에 의한 탈농화 중단
농업보조금	제3세계에는 금지시키지만, 유럽과 미국에서는 많은 보조금이 대농에게만 허용됨	덤핑으로 타국에 피해를 주지 않는 보조금(직거래를 하거나 가격/소득의 지원, 토양의 보존, 지속가능한 농업으로 전환하는 가족농 등에게만 보조금을 허용)
식량	농상품; 실제로 이것은 지방과 설탕, 고과당 옥수수시럽, 독성 잔류물이 가득한 가공되고 오염된 먹을거리를 의미함.	인권; 구체적으로, 건강하고 영양가 있으며, 가격이 적당하고, 문화적으로 적절하며 지역에서 생산되어야 함.
생산의 권한	경제적 효율성으로 선택	농촌 사람들의 권리
기아	낮은 생산성 때문	빈곤과 불균등으로 인한 접근성과 분배의 문제
식량안보	식량을 수입하여 달성	지역에서 생산된 것으로
생산자원 통제	민영화	지역 공동체의 통제
토지에 대한 접근	시장을 통해	농업개혁을 통해
씨앗	특허를 받은 농상품	농촌 지역사회와 문화에 의해 유지된 인류 공동의 유산으로, 특허를 받지 못하는 생명체
농촌 신용과 투자	민간 은행과 기업에서	가족농을 지원하기 위해 설계된 공적 부문에서
덤핑	문제 안 됨	금지해야 함
독점	문제 안 됨	대부분 문제의 근원
과잉생산	정의에 의해 그런 건 없음	농산물의 가격을 떨어뜨리고 농민을 빈곤하게 만드는 추동원
농업기술	산업형, 대규모 단작, 녹색혁명, 화학물질 집약적, 유전자변형 작물 활용	농생태학, 지속가능한 농법, 유전자변형 작물 금지
농민	시대착오적 존재로, 비효율적이라 사라질 것임	문화와 작물 유전자원의 지킴이, 생산자원의 청지기, 전통지식 전수자
도시 소비자	최저임금을 지급해야 할 노동자	생활임금이 필요
유전자변형 작물	미래의 물결	건강과 환경에 좋지 않은 불필요한 기술

식량안보 모델과 식량주권 모델의 각 이슈 정리

공급하는 생산적인 소규모 농장에 기반을 두며, 세계적 차원에서 농촌을 활성화시키기 위한 강령"이라고 정의하기도 한다.[61]

식량주권에서는 다음과 같은 점을 중요시한다. 첫째, 사람들을 먹여 살리기 위하여 농민이 토지와 물, 씨앗, 자금에 접근할 수 있게 하며, 지역의 농업 생산을 우선시한다. 둘째, 이를 위하여 토지개혁이 필요하고 유전자변형 작물을 거부하며, 씨앗을 자유로이 이용하고 지속가능하게 분배되는 공공재로서 물을 보호한다. 셋째, 농민은 먹을거리를 생산할 권리가 있고, 소비자는 자신이 소비하는 것이 어떻게 누구에 의해 생산되는지 결정할 수 있는 권리가 있다. 넷째, 국가는 저가의 농산물과 수입 농산물로부터 자신을 보호할 권리가 있다. 다섯째, 국가는 지나치게 저렴한 수입산에 세금을 부과하고, 국내의 구조적 잉여농산물의 발생을 피하고자 생산을 조절하며, 지속가능한 농업 생산을 유도한다. 여섯째, 사람들이 농업 정책의 선택에 참여한다. 일곱째, 농업 생산에서 중요한 역할을 하는 여성농민의 권리를 인정한다.[62]

이 글에서 식량안보나 식량주권과 관련하여 주목하는 부분은 역시 씨앗이다. 식량안보의 개념에 의하면 그것이 어떠한 방식으로 어디에서, 어떻게, 누가 생산했든지 사람들이 충분히 먹을 수 있는 '양'만 확보되면 크게 문제가 될 것이 없다. 즉, 거기에서는 그것이 누구나 이용할 수 있는 토종 씨앗이든, 지적재산권 등으로 보호를 받는 교잡종 씨앗이나 유전자변형 씨앗이든 별 문제 삼을 것 없이 대량의 식량을 안정적으로 공급할 수 있기만 하면 될 뿐이다. 하지만 식량주권에서는 사정이 다르다. 식량주권의 개념에

---

61 앞의 책.
62 "What is food sovereignty", 비아 캄페시나(홈페이지), 2003. 1. 15.

의하면 씨앗은 지적재산권 등으로 보호를 받는 것과 달리 누구나 접근하여 이용할 수 있는 공공재여야 하며, 생산과 소비의 주체들이 자신들의 씨앗을 생태적이고 공정하게 어디에서 어떻게 생산하여 소비할 것인지 결정할 수 있는 권리를 갖는다. 두 개념 가운데 어느 것이 토종 씨앗에 이로울지는 더 말할 필요가 없을 것이다.

식량주권의 개념은 고정되어 있는 것이 아니라 시간의 흐름에 따라, 지역의 상황에 맞추어 계속하여 변화하고 있다. 이는 학자들에 의해 만들어진 개념이 아니라 운동 속에서 태어나 계속하여 운동하는 과정에 있는 개념이기 때문이다. 그래서 얼핏 보면 이해가 쉽지 않다는 단점도 있다. 식량주권 개념의 변화와 관련하여 2007년과 2015년 말리의 닐레니에서 개최되었던 국제적 모임에서 발표한 닐레니 선언(Declaration of Nyéléni)을 살펴보면, 식량주권에서 씨앗을 어떻게 다루고 있는지 더 선명하게 보인다.

2007년의 선언에서는 "모두에게 품질이 좋고, 충분하고, 가격이 적당하고(affordable), 건강하고, 문화적으로 적합한 식량을 제공하는 식량생산체계와 정책을 모든 인민, 지역, 국가가 결정할 수 있는 세계를 위해서" 싸운다고 명시하면서 "생태계가 유지되는 토지, 토양, 물, 바다/해양, 씨앗, 가축 등 생물다양성의 존중에 기초하여 농촌 환경, 수산물, 자연환경, 전통음식을 보존하고"자 한다고 밝힌다. 이를 위해 "우리의 식량, 인민, 건강, 환경보다 이익을 앞세우는 기업이 만든 식량생산체계에 대항하"며, "미래의 식량생산 능력을 약화시키고, 환경을 파괴하고, 건강을 위해하는 기술체계와 책략(유전자 도입 동식물, 터미네이터 기술, 기업형 수산양식과 파괴적 어업 관습, 기업형 낙농업의 이른바 화이트 혁명, 녹색혁명, 기업의 생물연료의 '초록사막'과 플랜테이션)"에 반대하며, "식량, 공공서비스, 지식, 토지, 물, 씨앗, 축산, 자연유산의 민영화와 상품화에 대항"함을 분명히 한다. 녹색혁명의 깃

발 아래 '다수확'을 위한다며 기업의 이윤을 목적으로 한 새로운 교잡종 씨앗과 농약 및 화학비료, 농기계의 세트가 도입된 현대의 대규모 단작형 농업 방식을 단호하게 거부한다고 선언하고 있다.[63]

2015년의 선언에서는 이러한 내용이 더욱 세분화되고 구체적으로 제시된다. "우리는 2015년 식량을 생산하는 다양한 사람들만이 아니라 소비자, 도시민, 여성, 청소년 등이 서로 대화를 통해 농생태학을 풍부하게 하고자 농생태학(Agroecology) 포럼이 열리는 여기에 모였다. 오늘날 식량주권을 위한 국제계획위원회(International Planning Committee for Food Sovereignty)에서 세계적이고 지역적으로 조직된 우리의 운동들이 새로운 역사적인 단계를 밟고 있다. 우리 소농의 다양한 식량생산 형태는 지역의 지식을 창출하고, 사회정의를 확산시키며, 정체성과 문화를 키우고, 농촌 지역의 경제적 생존력을 강화하는 농생태학에 기반한다"고 밝히면서, 세부적 실천항목 가운데 씨앗과 관련해서는 다음과 같은 내용을 강조한다. "공유재에 대한 관습적 권리를 보장한다. 소농과 토착민들이 자신의 씨앗을 사용, 교환, 육종, 선발, 판매할 수 있는 집단적 권리를 보증하는 씨앗 정책을 확보한다." "생물다양성과 유전자원을 보호한다. 생물다양성의 책무를 보호하고 존중하며 보장한다. 씨앗과 생식물질의 통제권을 되찾고, 자신의 씨앗과 동물 품종을 사용, 판매, 교환할 수 있는 생산자의 권리를 구현한다." "기업과 기관이 유전자변형 생물체와 기타 거짓된 해결책 및 위험한 신기술을 장려하는 수단으로 농생태학을 이용하려는 시도에 맞서 싸운다."[64]

8년의 시간이 지나는 동안, 농생태학이라는 새로운 학문 분과가 식

---

63 https://nyeleni.org/spip.php?article333 참조

량주권 운동을 지원하게 된 사실에 주목하게 된다. 농생태학은 농업에 생태학을 접목시킨 학문으로서, 기존 녹색혁명의 교잡종 씨앗과 화학농자재가 아니라 토종 씨앗과 생태계의 원리를 농업에 적극적으로 활용하는 방식이다. 하지만 농생태학이 단순히 농업기술에 그치는 것이 아님을 분명히 한다. 이전 유기농업의 확산과 선을 긋기 위해서이다.

유기농업이 처음 시작은 기존 녹색혁명형 농업에 대한 하나의 대안으로 나타났으나 지나친 상업화로 그 취지를 잃어버린 것을 경계함이다. "농생태학은 단순히 기술이나 생산방식을 뜻하는 것이 아니다. 그것은 모든 지역에서 똑같은 방식으로 구현될 수 없다. 오히려 그것은 그 원칙에 기반하여 우리의 다양한 영토에서 비슷하게 나타날 수는 있지만, 각 부문이 그들의 지역적 현실과 문화의 색상에 기여하면서 늘 지구와 우리의 공통된 공유가치를 존중하며 여러 가지 방식으로 실천될 수 있다. 농생태학의 생산 방식(사이짓기, 전통적 어로와 이동식 목축, 작물과 수목, 가축, 물고기의 통합, 거름주기, 퇴비, 토종 씨앗, 가축 육종 등)은 토양을 건강하게 하고, 영양분을 순환시키고, 생물다양성을 역동적으로 관리하고, 모든 규모에서 에너지를 절약하는 것과 같은 생태학적 원리에 기반하고 있다. 농생태학은 산업계에서 구입해야만 하는 외부에서 구매하는 투입재의 사용을 확실하게 줄인다. 농생태학에서는 농약과 인공 호르몬, 유전자변형이나 기타 위험한 신기술을 사용하지 않는다." 이제 식량주권 운동은 농생태학이란 형태로 생산현장에서 구체화되며 실천방안을 마련하기에 이른 것이다. 특히 "농민의 씨앗은 강탈되어 비용이 많이 드는 농화학물질에 오염된 품종으로 육종되어 우리에게 터무니없는 가격으로 되팔리고 있다"고 지적하며 토종 씨앗을 농

64 http://www.foodsovereignty.org/forum-agroecology-nyeleni-2015/ 참조.

민의 손으로 되찾아 활용해야 한다고 강조한다. 농생태학과 함께 토종 씨앗은 식량주권 운동의 근간에 놓여 있는 소중한 존재로 조명을 받고 있다.

　　식량주권과 관련하여 특히 여성의 권리를 강조하는 부분에 주목해야 한다. 앞 장에서도 언급했듯이, 동서를 막론하고 전통적으로 씨앗을 관리하는 주체는 주로 여성이었다.[65] 한국에서도 할머니들에 의해서 토종 씨앗이 보전되고 있는 걸 확인한 바 있다. 그런데 세계 도처에서 농업에 종사하는 인구 중 적어도 절반은 여성이지만, 남성에 비해 토지나 재산 등에 대한 권한은 그에 훨씬 못 미치는 걸 확인할 수 있다. 한국에서는 2012년 말, 전체 농민 가운데 여성은 51.1%(148만 8000명)를 차지했다. 특히 여성농민의 노동비중을 보면 1970년 31.6%에서, 2010년 60.5%로 2배나 증가했다고 한다. 여성들이 없으면 농사일이 제대로 굴러가지 않는다고 해도 지나친 말이 아니다.

　　그러나 한국에서 여성농민의 지위는 아직도 낮은 수준이다. 여성농민에게 요구하는 일이 점점 더 많아지고 있는데도 말이다. 여성농민은 가사와 육아는 물론이고, 농산물의 가공과 도농 교류 및 직거래 등 갈수록 할 일이 늘고 있지만, 농가의 중요한 자산인 농지와 주택 같은 부동산은 80% 이상 남성 명의로 되어 있으며 토지의 매매와 영농자금 대출 등과 같은 의사결정에 여성이 관여하는 비율도 60% 정도라고 한다. 이러한 영향으로 지

65　　콜롬비아의 툴리아 알바레즈(Tulia Álvarez)라는 70세의 할머니는 "우리의 씨앗은 식량안보와 식량주권을 위해 가장 소중한 것이다. 우리가 씨앗을 돌보지 않으면 먹을거리를 얻을 수 없다. 여성은 전통적으로 가족의 밭을 책임지며 가족에게 먹을거리를 제공하는 일을 중시했기에 씨앗 지킴이가 되었다. 씨앗은 신성하다. 그것이 우리가 씨앗을 지키고 사랑해야 하는 까닭이다. 씨앗이 풍부하다고 그걸 낭비하면, 질책한 아이가 다시 돌아오지 않듯이 씨앗 역시 사라질 것이다"라고 이야기한다. "Three Colombian women tell us why preserving seeds is an act of resistance", 〈Rabble.ca〉, 2016.08.16.

	남성 경영주		여성 경영주		합계
	가구수	비율	가구수	비율	
2007	1,016,938	82.6	214,071	17.4	1,231,009
2008	994,784	82.1	217,266	17.9	1,212,050
2009	975,374	81.6	219,341	18.4	1,194,715
2010	959,064	81.5	218,254	18.5	1,177,318
2011	983,560	84.6	179,650	15.4	1,163,210
2012	964,135	83.8	186,981	16.2	1,151,116

단위: 가구, %

농업 경영주의 성별 추이. 농업 부문의 남성과 여성 경영주 비율을 보면 남성이 압도적으로 많음을 확인할 수 있다. 이러한 비율은 농업 부문에 국한된 것이 아니라 한국 사회 전반의 문제이다. 2016년 3월, 〈이코노미스트〉에서 발표한 이른바 '유리천장 지수'를 보면 한국은 OECD 국가 중 최하위를 기록하여 여성의 사회참여가 어려운 것으로 나타난다. (통계청, 농림어업조사 참조)

역사회에서도 여성농민이 중요한 의사결정에 참여하지 못하는 일이 많다.[66] 또한 2013년 여성농업인 실태조사에서는 자가농업일의 50% 이상을 담당한다는 여성이 65.5%에 달했지만, 여성 경영주의 비중은 18.5%에 불과하여 여성의 지위가 낮음을 보여준다.

이렇게 낮은 여성의 지위는 전통적으로 농업에서 여성이 맡았던 일도 하찮게 여기는 경향으로 이어지기도 한다. 실제로 토종 씨앗을 수집하러 찾아가면 할아버지들의 경우 "(씨앗과 관계된) 그런 일은 할머니나 알지"라며 대수롭지 않게 이야기할 때가 많다. 씨앗만큼 중요한 일도 없는데 말이다. 또 할머니들은 본인이 살고 있는 집의 주소를 모르는 분도 있고, 중요한 일이나 결정과 관련하여 할아버지의 도움을 요청하는 일이 많았다. 이

[66] "농업인 절반은 여성, 농업경영의 주체로 인정해야", 〈프레시안〉, 2014.2.11.

연도	계	39세 이하	40대	50대	60대	70세 이상
2007	214,071	2,255	10,881	33,108	79,493	88,334
2008	217,265	1,862	9,041	32,614	76,457	97,291
2009	219,340	1,399	8,298	31,723	72,924	104,996
2010	218,254	3,652	13,840	35,235	66,706	98,821
2011	179,651	1,246	6,758	24,249	53,420	93,978
2012	186,981	896	6,121	23,772	52,093	104,099

단위: 가구

연도	계	39세 이하	40대	50대	60대	70세 이상
2007	100%	1.1%	5.1	15.5%	37.1%	41.3%
2008	100%	0.9%	4.2	15.0%	35.2%	44.8%
2009	100%	0.6%	3.8	14.5%	33.2%	47.9%
2010	100%	1.7%	6.3	16.1%	30.6%	45.3%
2011	100%	0.7%	3.8	13.5%	29.7%	52.3%
2012	100%	0.5%	3.3	12.7%	27.9%	55.7%

단위: %

여성 경영주의 연령별 분포. 연령이 올라갈수록 경영주가 많은 걸 볼 수 있다. 이는 여성농민의 수명이 남성 배우자보다 긴 영향인 듯하다. 가장 왕성하게 경제활동을 하는 30대와 40대의 경우에는 경영주의 비율이 각각 0.5%, 3.3%밖에 되지 않는다. (통계청, 농림어업조사 참조)

런 일이 단적인 예이겠지만, 이런 사례들로도 할머니들의 본인 스스로에 대한 의식을 엿볼 수 있지 않을까? 여성을 하찮게 여기는 인식은 그들이 해오던 씨앗과 관계된 여러 일들—파종, 관리, 수확, 갈무리, 씨앗 저장, 음식, 요리 등—을 별로 중요하지 않은 일로 여기거나 무시하는 모습으로 나타나기도 한다. 하지만 여성들이 스스로, 또 여성의 권리가 향상됨으로써 그들이 수행하던 일에 대한 가치를 재발견할 수 있다면, 토종 씨앗을 보전하는 일에서도 변화가 있지 않을까.

　　토종 씨앗은 씨앗 그 자체로 그치는 것이 아니다. 씨앗을 심고 가꾸고 수확하고 갈무리하여 이듬해 다시 씨앗을 심기까지의 일련의 과정은 인간의 농업기술 및 생활문화에 대한 지식이 결합되어 있고, 또 농지를 둘러싼 주변 자연생태계와 작물을 중심으로 한 여러 동식물에 대한 이해가 바탕이 되어 있다. 어떤 작물의 토종 씨앗을 어디에 어떻게 심으면 좋을지, 그 시기는 해당 지역의 기후로 보아 언제가 좋을지, 심고 가꾸는 과정에 거름은 언제 주는 것이 좋은지, 어떤 종류의 풀이 잘 자라며 그걸 모두 제거하는 편이 나은지 아니면 작물과 공생할 수 있는지, 자라는 중간에 순을 치거나 잎을 따거나 열매를 수확하면 그것으로 어떤 음식을 만들어 먹을지, 어떤 벌레가 잘 생기며 그때는 어떻게 대처해야 하는지, 씨앗을 갈무리할 때는 어떤 방법으로 해야 하는지, 수확 후 보관은 어디에 어떤 방식으로 해야 하는지 등등 수많은 종류의 지식이 씨앗에 담겨 있다. 토종 씨앗을 받아서 자급을 목적으로 농사짓는 농민들은 그걸 습관처럼 의식하지 않고 옷을 입듯이 자연스럽게 행해온 것이다. 일종의 종합 예술이라고 해도 된다.

그러나 다수확을 목적으로 하는 현대의 상업화된 농업에서는 그렇지 않다. 대부분의 정보는 돈과 관련하여 외부에서 주어진다. 이 종자를 구매한 뒤 언제 어떻게 심는지, 관리할 때는 어떤 비료를 언제 주는 것이 좋으며, 혹 병해충이 생겼을 때는 어떤 농약을 그에 맞게 처리해야 하는지, 수확은 언제 하는지, 농기계는 어떤 걸 사용해야 하는지 정도의 지식만 제공받으면 된다. 이후에는 수확량은 얼마이고, 이걸 어느 정도의 가격으로 어디에 넘길지만 결정하면 끝이다. 말 그대로 단순히 생산자의 일만 수행하면 된다.

전자의 일은 한두 번의 경험으로 얻을 수 있는 것이 아니다. 입에서 입으로, 행동에서 행동으로, 부모에서 자식에게로, 이웃 사이로, 누군가의 어깨 너머로 이어지는 성격의 지식이다. 그래서 이러한 성격의 지식은 경험 많은 전수자의 역할이 매우 중요하다. 누가 얼마나 많은 시행착오와 경험을

강화군 불은면에서 만난 최시종 할머니의 벼 이삭 묶음. 특별한 의미는 없고, 해마다 가장 농사가 잘된 벼의 이삭만 따서 묶어 걸어놓고 보신단다. 이렇게 하면 그해의 농사가 어땠는지 한눈에 볼 수 있어 좋다며. 이 외에도 여러 토종 씨앗을 보전하고 있었는데 그 비결에 대해 묻자, "씨앗은 아들만큼 위하는 거야"라는 말로 정리해주셨다. 씨앗을 보관하는 방법은 이렇다. 통풍이 중요한 것들은 양파망에 넣어 비 맞지 않게 잘 매달아 놓고, 자잘한 씨앗들은 신문지 같은 종이에 잘 싸서 쥐나 벌레가 먹지 않게 밀봉해서 광 한쪽에 보관한다고 경험에서 우러나오는 노하우를 일러주셨다.

했는지가 제대로 된 일머리를 알려주느냐 아니냐의 차이를 판가름한다. 반면 후자의 일은 한두 번의 경험으로도 충분히 습득할 수 있다. 매뉴얼을 정독하거나 전문가에게 교육을 받은 뒤 한두 번 실제로 해보면 감을 잡을 수 있다. 여기서는 전수자보다 습득자의 역할이 더 중요하고 강조된다.

식량주권의 구체적 실천방안인 농생태학에서 강조하고 있는 전략들은 토종 씨앗이 지니고 있는 특성과 곧바로 연결된다. 토종 씨앗은 전통적으로 공유재로 여겨지며 필요하면 서로 나누어 쓰곤 했다. 토종 씨앗은 누구 집 호박이 실하다더라, 누구 집은 콩이 좋다더라 하면 서로 좋다는 씨앗을 얻어다 나누어 심고, 그러다 어느 한 집의 농사가 잘 되지 않으면 다시

2012년 가을, 한국의 전국여성농민회총연합(이하 전여농)에서 세계 식량주권상 대상을 수상하게 된다. 이 상은 녹색혁명의 설계자인 노먼 볼로그 박사를 기리기 위해 제정된 세계식량상의 대안으로 2009년에 만들어졌다. 전여농에서는 2000년대 중반부터 전통적으로 여성농민들이 토종 씨앗을 지켜온 존재였다는 자각과 함께 이를 보전하기 위한 다양한 사업을 펼쳐왔다. 이 상은 그러한 공로를 인정받아 수상하게 되었다. (사진 전국여성농민회총연합 홈페이지)

자신이 얻어 온 씨앗을 나누어 주는 그런 관행이 있었다. 이러한 행위는 현대 종자산업의 관점에서는 절대 해서는 안 되는 도둑질이나 마찬가지의 일이다. 종자의 개발자나 연구기관이나 종자회사의 권리를 침해하는 중대한 범법행위이기 때문이다. 농생태학에서 강조하듯이 법이나 제도로 소농과 농사를 짓는 여러 시민들이 자신들의 씨앗을 이용하고 교환하며 육종도 할 수 있는 집단적인 권리를 보장한다고 나서면 어떻게 될까? 모르긴 몰라도 관련 업계 및 학계의 반발에 부딪힐 것 같다. 그러한 반대를 무릅쓰고 토종 씨앗이 농지의 한자리를 차지하고 자라며 한국의 식량주권을 강화하는 그런 날이 오기를 바란다. 가장 이상적인 형태는 농업정책을 입안할 때 대외적으로는 식량안보의 차원에서 전략을 짜고, 국내에서는 식량주권의 차원에서 방안을 마련하는 것이 아닐까 싶다.

다양한 맛과
영양의 공급원

이번에는 좀 더 쉽고 친숙한 이야기를 해보자. 토종 씨앗이 왜 중요하냐고 묻는다면 이렇게 이야기를 시작할 수 있겠다. 여러 가지 토종 씨앗으로 농사를 지으면 우선 우리의 입이 즐겁고, 또 즐겁게 음식을 먹으면서 건강도 챙길 수 있다고 말이다.

    유엔 식량농업기구에 의하면, 농사의 산업화와 함께 인간이 활용하는 작물의 다양성이 급격히 줄어들었다고 한다. 특히 1900년대 이후 지역의 다양한 토종 작물들이 다수확 품종으로 획일화되면서 작물다양성이 약 75%나 감소했다. 또한 지구에는 인간이 먹을 수 있는 식물이 5만 가지나 되지만 현재는 인간이 섭취하는 열량의 약 60%를 옥수수, 쌀, 밀 같은 4대 주곡에서 얻고 있으며,[67] 그마저도 앞서 한국의 벼 품종을 살펴본 것처럼 소수의 품종만 재배하여 생산해 소비하는 형편이다. 시장이나 마트에 가서 얼

---

[67] Sabine Guendel, *Building on Gender, Agrobiodiversity and Local Knowledge*, FAO, 2005.

마나 많은 벼 품종이 있는지 살펴본 적이 있는가? 지금 당장 대형마트의 쌀 판매장에 가서 세어보면 깜짝 놀랄 만큼 소수의 품종만 팔리고 있는 걸 발견할 수 있을 것이다. 그리고 그마저도 포장지에 '혼합' 품종이라 적혀 있는 것을 볼 수 있다. 여전히 쌀의 품종별 밥맛이나 각각의 특징이 아니라, 양과 가격에 치중되어 소비되는 영향 때문이다. 품종을 구분하지 않고 양을 중심으로 마구 섞어서 도정하여 팔면 관리의 측면에서 손이 덜 가기에 그만큼 가격이 떨어진다. 2011년부터 쌀 등급표시제가 시행된 데다가, 요즘처럼 쌀이 남아돈다고 걱정하는 시대에도 양과 저렴한 가격을 중시하는 관행은 별로 바뀌지 않았음을 확인할 수 있다. 농림수산식품부에서 최근 쌀의 생산량을 조정하고 소비를 늘리고자 쌀의 품질과 품종에 더욱 신경을 쓰겠다는 내용의 정책을 발표했으니 앞으로 어떻게 변할지 지켜볼 일이다.

쌀 이야기가 나왔으니 쌀밥 이야기 좀 더 풀어야겠다. 경기도 고양시에서 우보농장을 운영하는 이근이 씨는 현재 60여 품종의 토종 벼를 재배하고 있다. 그에게 토종 벼에 대해 물으니, 주로 현미로 도정하여 밥을 지어서 먹어보고 있는데 확실히 밥맛이 벼의 품종마다 다르다고 한다.[68] 현미로 이용하니 당연히 각각의 벼가 가진 색에 따라 밥을 지었을 때 색도 달라지고, 자광도 같은 어떤 쌀들은 특유의 향을 지니고 있어 밥맛을 한층 더 맛있게 느낄 수도 있다. 실제로 2008년 김포의 자광도를 재배하는 농민을 찾아가 자광도로 지은 밥을 얻어 먹었을 때의 충격은 지금도 잊을 수 없다. 밥에서 무어라 말할 수 없는 향긋한 맛이 느껴져 초면에 실례를 무릅쓰고 밥을 두 공기나 퍼서 와구와구 먹었던 것이다. 이러한 밥맛의 차이는 현대의

68   현재 이근이 씨는 홍천으로 귀농하여 고양과 홍천에 있는 세 곳의 농지에서 각각의 지역에 맞는 벼 품종을 찾고, 사람들이 다양한 밥맛을 느끼고 찾을 수 있도록 하기 위해 노력하고 있다. 전화 인터뷰로 그에게 토종 벼에 대한 특성 등을 물었다.

개량종들이라고 다르지 않다. 그래서 나는 맛있는 밥을 먹고 싶어 하는 사람들에게 몇 가지 권고사항을 알려주곤 한다. 첫째, 품종별로 포장되어 파는 쌀을 골라서 구입하라. 둘째, 도정일자는 최근의 것일수록 좋다. 셋째, 포장지에 나와 있는 품질검사 결과를 확인하라. 넷째, 쌀도 살아 있는 생명이기에 오래되면 맛이 떨어진다. 쌀은 조금씩 자주 사 먹어라. 이 정도만 잘 확인하고 쌀을 구입해도 좋은 밥맛을 즐길 수 있다. 점차 익숙해지며 밥맛에 예민해지면 각 품종 가운데 자신이 가장 맛있다고 느끼는 품종만 골라서 사 먹을 수 있을 것이다. 밥맛이란 건 다분히 주관적인 느낌이기에 무엇이 더 맛있다 맛없다고 딱 잘라 얘기하기 어려운 측면이 있다. 이것저것 경험해보고 스스로의 판단에 따라 선택하길 바란다.

가깝도고 먼 나라인 일본에서는 예전부터 쌀과 밥의 다양성이란 측면에서 여러 노력을 기울여온 것으로 잘 알려져 있다. 한국에도 번역 출간된 바 있는 『명가의 술』이란 만화에서는 한 여성이 가업인 양조장을 이어가는 과정을 묘사하고 있는데, 거기에서 좋은 술을 빚기 위해 예전부터 재배하던 토종 벼를 찾아 유기농업으로 생산하는 일을 하나의 에피소드로 다루고 있다. 이 외에도 초밥에 어울리는 쌀 품종이라든지 다양한 목적에 따른 벼 품종을 까다롭게 재배해서 생산하는 사례들을 여럿 볼 수 있다. 또 일본에서는 이른바 '논 아트'라는 새로운 예술 장르도 생겼다고 한다. 일본의 작은 농촌 마을인 이나카다테라는 곳에서는 이삭의 색이 다른 벼를 이용해 논에 화려한 그림이 나타나도록 재배한다. 처음에는 단순히 전망대에서 이러한 논의 그림을 관람하는 수준이었는데, 최근 스마트폰의 보급과 함께 논의 그림을 QR코드로 촬영하면 이 마을에서 생산된 쌀을 구입할 수 있는 사이트로 연결되도록 하여 새로운 소득원을 삼고 있다고 한다. 토종 씨앗이 지닌 다양성을 활용할 수 있는 좋은 사례인 셈이다.

토종 대추벼. 벼가 익을수록 누렇게 변하는 것이 아니라 빨갛게 되어 마치 대추처럼 보인다. (사진 제공 권태옥)

토종 북흑조. 이 벼는 익으면 낟알의 색이 검어진다. 최근 논에 그림을 그리는 이른바 '논 아트'란 장르가 생겼는데, 페인트 등을 칠하는 게 아니라 이와 같이 이삭의 색이 다른 벼들을 모내기할 때부터 심는 방식을 이용한다. (사진 제공 권태옥)

토종 버들벼. 이삭이 수양버들처럼 늘어진 모양에서 온 이름. (사진 제공 권태옥)

1910년에 수집되어 농촌진흥청에서 보존하고 있는 조동지라는 토종 벼는 1900년대 초·중반 중부 지역에서 널리 재배했다. 안내푯말에 나와 있는 설명에 대해서는 뒤에 다시 이야기하겠다.

일제강점기에 도입된 신품종인 은방주라는 품종이다.

다마금도 은방주와 마찬가지로 일제강점기에 도입된 품종이다. 그런데 이에 대해 조선시대부터 계속해서 재배된 벼라고 잘못 알고 있는 일도 종종 발견된다.

팔달이란 품종은 일제강점기 농사시험장에서 기존 품종들을 이용해 새로 육성한 벼이다. 그래서 품종명을 수원의 팔달구에서 따왔다.

이것이 바로 말도 많고 탈도 많았던 통일벼이다. 품종의 특성으로 '단간내도복, 복합내병성'이라는 이해하기 힘든 말이 적혀 있다. 벼의 줄기가 짧아 잘 쓰러지지 않고, 여러 병에 저항성을 갖는다는 뜻이다.

맛있는 벼의 대명사처럼 쓰이는 추청, 이른바 아끼바레는 1962년 일본에서 개발된 품종이다. 일본에서는 이제 찾아보기 힘들지만, 한국에서는 아직도 인기가 높다. 다른 품종에 비해 재배가 쉽고, 도정했을 때 쌀이 많이 나오며 밥맛이 좋기 때문이다.

1999년에 개발된 신동진은 추청과 마찬가지의 이유로 여전히 널리 재배되어 소비된다.

최고품질로 꼽히는 운광벼. 최고품질은 쌀에 하얀 반점이 없고 밥맛이 좋으며, 도정수율이 75% 이상이고 2가지 이상의 저항성을 지닌 벼에 주어진다.

익산 호남농업연구소에서 개발된 품종인 호품은 밥맛만이 아니라 수확량도 300평 평균 500kg 이상 생산할 수 있다고 한다.

하이아미 품종은 1998년부터 10년에 걸쳐 돌연변이 육종과 인공교배, 그리고 약배양이란 첨단 육종법을 활용해 밥맛이 좋으면서 기능성 물질도 함유하도록 개발한 벼이다.

이름 그대로 소를 키우고자 개발된 품종. 쌀이 아니라 줄기와 잎이 그 목적이다. 용도와 목적에 따라 작물의 여러 부위를 활용하는 육종의 좋은 사례이다. 쌀이 너무 많이 생산되어 문제라면 농지를 없앨 것이 아니라 거기에서 재배되는 작물의 종류를 바꾸도록 유도하면 되지 않을까?

    지금까지 우리의 주식인 쌀의 다양한 맛에 대해서 이야기했다. 이건 어떻게 말로 설명하기 참 어려운 일이다. 직접 여러 종류의 토종 쌀로 지은 밥을 한 그릇씩 앞에다 가져다 놓고서 한 숟가락씩 떠서 먹어보는 게 가장 좋은 방법이나, 그렇게 할 수 없는 현 상황의 제약이 너무나 아쉬울 따름이다. 대신 참고할 만한 논문이 하나 있긴 하다. 농촌진흥청에 보존되어 있는 토종 벼 394품종을 대상으로 미질과 관련한, 즉 우리가 흔히 맛있다고 느끼는 요소들을 분석한 논문이다. 이 논문에서는 맛이 좋다고 평가받는 일품이란 신품종 벼와 토종 벼들의 맛을 결정하는 성분을 비교하는데, 토종 벼들의 수가 워낙 많아 다양한 분포를 보이지만 일품과 유사한 품종도 다수 존재하는 것을 확인할 수 있다.[69] 굳이 일품과 같지 않더라도 각각의 품종마다 그에 걸맞은 가공법과 이용법이 있을 테니, 앞으로 어떻게 활용하느냐가 관건이겠다. 밥을 지을 때 쌀이 익으면서 나는 밥 냄새, 그리고 밥

[69] 이정로 외, 「우리나라 재래종 벼 유전자원의 미질관련 특성」, 『한국작물학회』 제58권 4호, 2013, 468–473쪽.

을 다 짓고 밥솥의 뚜껑을 열었을 때 확 풍겨 올라오는 김과 그 향, 이윽고 눈에 들어오는 쌀밥의 좌르르한 윤기. 이 모든 것이 쌀밥을 먹는 우리에게는 눈앞에 그려지듯 펼쳐진다. 이 글을 읽는 분들은 언제 기회가 되시면 토종 쌀을 구해서 직접 밥을 지어 먹어보시기를 강력하게 권한다. 그전에 먼저 현재 개발되어 있는 신품종 벼로 밥맛을 제대로 느끼는 훈련부터 하시길 간곡하게 부탁드린다. 아무리 좋은 쌀이 있어도 그 맛을 느끼지 못한다면 아무 소용이 없는 일이니 말이다.

슈퍼푸드는
따로 없다

다양한 토종 씨앗이 보전되며 재배된다면, 쌀밥을 더욱 다채롭게 즐길 수도 있다. 바로 잡곡을 통해서이다. 한쪽에서는 잡곡이란 이름을 상당히 싫어하는 사람도 있다. 그들은 잡곡이 아니라 '약곡'이라 불러야 옳다고 주장하기도 한다. 잡곡이란 이름에는 비주류, 아웃사이더란 뜻이 있기에, 그것이 아니라 우리의 몸을 건강하게 만드는 지름길이란 뜻에서 약곡이라 불러야 한다는 것이다. 그 말도 일리가 있는 것이, 실제로 잡곡에는 쌀에는 들어 있지 않은 다양한 영양성분이 있기 때문이다. 쌀밥에 섞어 먹는 잡곡에 들어 있는 영양성분이 진짜 약을 먹는 것만큼 몸에 즉각적인 효과로 나타나지는 않겠지만, 그것을 꾸준히 섭취한다면 "내가 먹는 것이 나의 몸을 이룬다"는 말처럼 균형 잡힌 영양 상태에 도움이 되지 않겠는가. 요즘 항간에 슈퍼푸드라는 것이 유행한다고 들었다. 퀴노아니, 렌틸콩이니, 아마란스 등등의 외국산 곡물들이 그것이다. 예전에 하도 퀴노아 퀴노아 하면서 열풍이 불길래 도대체 퀴노아에 어떤 성분이 있어 그런지 찾아본 적이 있다. 미국 농무

식품명	열량 (kcal)	단백질 (g)	지방 (g)	당질 (g)	섬유 (mg)	회분 (mg)	칼슘 (mg)	비타민 B1 (mg)	비타민 B2 (mg)	니아신 (mg)	C (mg)
현미	351	7.4	3.0	71.8	1.0	1.3	10.0	0.54	0.06	4.5	0
7분도미	356	6.9	1.7	74.7	0.4	0.8	7.0	0.32	0.04	2.4	0
백미	366	6.8	1.0	79.6	0.4	0.5	5.0	0.15	0.03	1.5	0

쌀의 100g당 영양성분. (참조 농촌진흥청 국립농업과학원 농식품자원부)

부의 분석 자료에 의하면, 퀴노아 185g에는 단백질 8.14g, 지방 3.4g(같은 양의 소고기는 33g), 칼로리는 222칼로리, 이 밖에 39.41g의 탄수화물과 31mg의 칼슘, 2.76mg의 철분, 318mg의 칼륨, 13mg의 나트륨, 2.02mg의 아연으로 구성되어 있다고 한다. 확실히 쌀에는 없는, 또는 부족한 성분들이 확인된다. 그런데 그러한 성분들은 쌀 이외의 잡곡들에 이미 충분히 함유되어 있는 것이기도 하다. 그러니 굳이 퀴노아를 찾아 먹지 않고 잡곡들을 쌀에 섞어서 밥을 지어 먹기만 하면 그것이 이미 슈퍼푸드인 셈이다.

    우리가 예전에 흔히 먹던 잡곡밥은 흰쌀밥에 대한 지나친 집착으로 사라졌다가 최근 건강 열풍과 함께 다시 고개를 들려던 순간 외국의 슈퍼푸드 유행에 밀려 다시 사그라들고 있다. 밥에 넣어 먹던 콩, 특히 밥밑콩들의 종류가 얼마나 다양한지 이제는 잘 알지 못한다. 밥에 콩을 넣어 먹으면 비려서 못 먹겠다는 건 밥밑콩이 아니라 메주콩으로 써야 할 콩을 잘못 넣어 먹어 그렇다. 또 척박한 산간 지역이나 제주도에서 주로 재배하던 조는 어떤가? 조는 한때 보리에 이어 널리 재배되던 작물이었는데 이제는 중국산에도 밀리고, 심지어 새 모이로나 쓰는 것으로 알고 있기도 하다. 조에는 무기질과 비타민이 풍부하여 밥에 좁쌀을 섞어 먹으면 건강에도 좋고, 식이섬유도 풍부해 똥도 잘 눌 수 있다고 한다. 그리고 좁쌀보다 훨씬 맛있는 기장쌀도 있다. 조보다 알의 크기가 크고 맛있는 기장은 그만큼 가격도 비싸다. 조보다 농사짓기가 까다로워 생산량이 많지 않기 때문이다. 그래도 주식으로 삼는 게 아니라 쌀밥에 섞어 먹는 용도로 쓸 정도의 양은 가계에도 그리 큰 부담이 되지 않는다. 단백질과 칼륨이 풍부하다는 율무는 밥을 먹는 새로운 재미를 선사한다. 쌀알보다 덩치가 크기에 입에서 톡톡 씹히는 질감이 아주 재밌고 맛있다. 율무가 이런저런 이유로 먹기에 꺼려진다면 수수쌀도 있다. 전통적으로 아이의 백일이나 돌잔치 상에 올리는 수수팥떡은 액운을 막고 건강을 기원한다는 의미가 있었다.

지금이야 이런 곡식들이 쌀에 밀려서 잡곡 취급을 당하고 있지만, 사실 원래 우리의 주식은 잡곡밥이었을지 모른다. 조나 기장은 한국의 신석기시대 유적에서 벼보다도 흔하게 발견되는 곡식들이기 때문이다. 물론 1991년 일산 신도시를 개발하던 중 가와지라는 곳에서 발굴된 볍씨를 바탕으로 5,000년 전부터 한국에서 벼농사가 이루어졌다는 증거가 있다.[70] 이로 인해 이전에는 벼농사가 중국에서 일본을 거쳐 한국으로 전해졌다는 주장이 한국을 거쳐 일본으로 전해진 것이라고 뒤집어지게 되었다. 벼농사를 오래전부터 시작했을 수 있지만, 앞서 언급했듯이 그걸 지금처럼 주식으로 삼을 만큼 생산량이 충분하지는 않았을 것이다. 오히려 조와 기장 같은 밭에서 나는 곡식이 주연이고, 쌀은 조연이거나 신분이나 계급에 따라서 전

---

[70] 출토된 볍씨가 인간이 재배한 것인지 야생인지를 구분하는 결정적인 차이는 이삭과 알곡이 붙어 있는 '소지경'이란 부분이다. 이 부분이 매끄러워, 즉 잘 떨어지면 야생의 특성(탈립성)이고, 거칠면 재배벼라고 본다. 그런데 가와지에서 발굴된 볍씨들은 이 부분이 거친 재배벼의 특성을 나타낸다고 한다. 이를 통해 한국에서 벼농사의 기원은 여주군 흔암리에서 발굴된 볍씨를 바탕으로 청동기시대라고 추정하던 것이 신석기시대까지 거슬러 올라가게 되었고, 이는 기존에 일본을 통해 벼농사가 전파되었다는 학설도 뒤집게 되었다. 이보다 더 오래된 소로리 볍씨가 한때 큰 주목을 받았으나, 이 볍씨는 유전자를 검사한 결과 야생벼(재배벼)와 유전적 유사성이 약 40%로 낮아 한국 재배벼의 조상 격인 '순화벼'라고만 인정되고 있다.

진주 조. 부들처럼 생기기도 한 진주 조는 조 종류 가운데 알이 3~4mm로 가장 굵다. (imges.shramajeevi.com)

혀 먹지 못했을 가능성이 더 높다. 1년 내내 언제고 걱정 없이 밥그릇 한가득 고봉밥을 마음껏 먹을 수 있게 된 것은 1970년대를 지나서의 일이니 말이다. 하지만 우리는 배부름을 얻은 대신 건강한 균형성을 잃어버렸다.

잡곡 가운데 가장 많이 심었던 건 단연 조였다. 한국에서 주로 재배하는 조는 영어로 여우꼬리 조(Foxtail Millet)라고도 하는데, 우리가 보기에는 강아지풀과 비슷하다. 한국, 중국, 일본을 비롯하여 인도와 유럽 등 온대지역에서 널리 재배하는 작물이었다. 조라고 분류되는 작물은 우리가 아는 조 이외에도 세계적으로 매우 다양하다. 세계에서 가장 많이 재배하는 흡사 알곡이 진주 같다는 진주 조(Pearl Millet)가 있고, 이삭이 손가락 모양인 손가락 조(Finger Millet), 뱀 같이 생기기도 한 코도 조(Kodo Millet) 말고 기장(Common Millet)과 피(Barnyard Millet), 에티오피아에서 흔히 재배하는 테프도 이에 속한다.

한국에서 조를 가장 흔히 먹었던 지역을 꼽으라면 제주를 들 수 있

얼핏 보면 피와도 비슷하게 생긴 손가락 조. 이삭의 모양이 손가락을 오므리고 있는 모습이다. 조와 손가락 조, 피의 알곡이 서로 비슷한 크기이다. (imges.shramajeevi.com)

다. 제주는 다들 알다시피 화산 지형이라 물을 가두어 논을 만들어 벼농사를 짓기에 그리 좋지 않은 지리적 특성이 있다. 제주에서 아예 벼농사를 짓지 않은 것은 아니라 밭벼를 재배한다든지, 서남쪽의 극히 일부에선 논농사도 지었다고 하나 거기에서 생산되는 양은 모두 일상적으로 먹을 정도는 아니었다. 제사나 마을 동제에 겨우 올리곤 했다. 그래서 제주에서는 쌀을 곤미, 쌀밥을 곤밥이라 불렀다. '곤'은 곱다는 말의 줄임말로, 시커먼 좁쌀밥이나 보리밥에 대비하여 쌀과 쌀밥은 그 빛깔이 곱다는 뜻이 담겨 있다. 얼마나 귀하고 좋으면 쌀과 밥에 아름답다는 표현을 했을까? 제주에선 곶감이 아니라 "우는 아이에게 곤밥을 준다고 하면 울음도 그친다"는 속담까지 있었단다. 조는 땅을 가리지 않고 거름과 물이 충분하지 않아도 잘 자라는 특성이 있다. 그래서 제주의 척박한 농사 환경에서는 조 농사를 주로 지었고, 이에 따라 그와 관련된 말의 흔적들이 많이 남아 있다. 이와 관련하여 1994년 제주의 납읍리에서 현지조사를 행한 연구가 있다. 노농들을

2008년 제주의 어음리에서 토종 씨앗을 수집하다 만난 개발시리 조. 1994년의 논문에 나온 납읍리 인근이다. 그 품종이 10여 년이 지나서도 농민과 함께 살고 있었다.

할아버지의 이야기를 알아듣기 힘들어, 개발시리인지 게발시리인지 이게 무슨 뜻이냐고 묻자 직접 손바닥에 올려 보여주셨다. 이로써 모든 의문이 단박에 사라지고 '개발'임을 알았다.

2년 뒤인 2010년 괴산군에서 토종 씨앗을 수집하다 다시 만난 개발시리. 사진의 할머니가 계속 재배하던 품종인데, 당시 몸이 불편해지며 이제는 농사를 포기했다고 하셨다. 제주에만 보급된 품종이 아닌 것 같다.

대상으로 조의 품종명을 조사한 결과를 보면 다음과 같이 14가지가 나타난다. 강돌하리, 개발시리, 고박시리, 꺽검은조, 만줏조, 맛시리, 멍석시리, 무기시리, 밝그시리, 생이조, 소용시리, 쉐머리조, 영국조, 청돌하리가 그것이다.[71] 이러한 조는 다시 모힌조와 흐린조라는, 즉 메조와 차조로 나뉜다. 이렇게 조와 관련된 다양한 말이 남아 있다는 것은 그 실물이 존재했기에 가능한 일이다. 좁쌀과 보리로 지은 밥을 주로 먹던 제주 사람들이 지금처럼 쌀밥을 먹게 된 건 비행기가 자주 오가면서의 일이라고 한다.

---

71   강돌하리: 노란 조, 개발시리: 이삭 끝이 3~4개로 갈라진 조, 고박시리: 노란 빛깔의 조, 꺽검은조: 이삭에 까락이 많은 검은 조, 만줏조: 이삭이 길고 까락이 있는 조, 맛시리: 산간지역에서 재배하는 것으로 이삭이 가늘고 까락이 있는 조, 멍석시리: 노란색의 조, 무기시리: 이삭 끝이 홀쭉한 조, 밝그시리: 알이 하나는 붉고 하나는 노란 조, 생이조: 이삭 끝이 새 부리처럼 뾰족하고 익으면 겉껍질이 벌어져 알이 보이는 조, 소용시리: 이삭이 푸른 빛의 크기가 좀 작은 조, 쉐머리조: 이삭이 짧으나 살이 쪄 소머리처럼 큰 조, 영국조: 이삭이 길고 알이 굵으며 이삭 끝이 조금 가는 조, 청돌하리: 이삭이 푸른 빛이고 끝이 뭉뚝한 조. 이 가운데 개발시리와 만줏조, 영국조는 일제강점기에 새로 보급된 것이라는 증언이 있다. 그리고 '–시리'라는 말은 열매 실(實)의 제주식 표현인 듯하다. 왕한석, [제주 사회에서의 조 및 관련 명칭에 대한 일 연구], 한국문화인류학 29–2, 1996.에서 참조. 이 밖에도 얼마 전 『제주생활사』를 출간한 목포대학교 도서문화연구원의 고광민 연구위원의 조사에 의하면 더욱 다양한 조의 품종명을 볼 수 있어 제주는 조의 작물다양성이 엄청나게 풍부했다는 걸 알 수 있다.

토종 씨앗으로
전통 음식을 살리기

요즘은 제주에 여행 한번 가보지 않은 사람이 없을 정도로 많은 사람들이 제주를 자기 집 안방처럼 드나든다. 그러면서 다들 재래시장에 한번씩 가는데, 그곳에서 꼭 사먹는 전통 음식인 오메기떡도 바로 제주의 조로 만든 떡이다. 지금이야 오메기떡을 떡으로 즐기지만 원래는 술을 빚기 위한 술떡이었다고 한다. 그러니 제대로 오메기떡을 즐기르면 오메기술을 마셔야 하는 셈이다. 제주의 오메기술은 지금 떠올려도 입안에 군침이 흐를 정도로 맛있는 술이다. 내가 먹어본 막걸리 중에서 다섯 손가락 안에 꼽을 만큼 정말 맛있었다. 실제로 제주 사람들도 조로 만든 음식 중 최고가 술이고, 다음이 밥이며, 가장 못한 것이 떡이라고 꼽는다. 아무튼 제주에서는 이 오메기떡이 주요 소득원으로 떠오르자 이를 만들기 적합한 조 품종을 개발하기에 이르렀다. 몇 년 전 개발되어 나온 '삼다찰'이 그것이다. 제주도 동부농업기술센터에서 개발한 이 품종은 1910년대 일제강점기에 일본에서 수집해 간 토종 조를 2008년 농촌진흥청에서 돌려받은 뒤, 3년 동안 재배하면서 그 가운데 우수한 형질의 것을 선발하여 육성했다고 한다. 이 조는 다른 품종보다 줄기가 강해 바람이 강한 제주의 기후환경에서도 농사가 잘되고, 떡을 만들어놓았을 때 칼슘과 항산화활성도 높아 영양과 기능성이 우수하다고 하니 이 글을 읽은 분들은 일부러라도 삼다찰로 만든 오메기떡과 술을 꼭 맛보시길 바란다. 제주에서 재배하는 조의 절반 정도가 삼다찰이라고 하니, 관심을 가지고 원료까지 신경을 써서 즐기시길 권한다.

과거 조 농사가 한국 전역에서 널리 행해졌으니 조로 만드는 전통 음식이 제주에만 있었을 리 없다. 경상도에는 '묵조밥'이란 음식이 있었다고 한다. 경상도 지역에서 한양으로 과거를 보러 가던 선비들이 문경새재를 넘으며 주막 등에 들러 허기를 채운 음식으로, 도토리묵을 채로 썰고 그 위에 여러 채소를 얹은 뒤에 좁쌀밥에 비벼 먹었다고 한다. 지금도 문경새재에 가면 묵조밥을 메뉴로 내놓는 식당들이 있으니 이 음식도 한번 맛볼 만하다. 예전과 달

씨앗으로 쓰려고 따로 매달아놓은 조 이삭의 모습. 요즘은 가장 좋은 걸 시장에 내다팔고 속칭 B급 이하를 재배한 농민들이 먹지만, 토종 씨앗을 재배하는 농부는 늘 가장 좋은 걸 이듬해 씨앗으로 쓰고자 따로 빼놓는다.

괴산에서 토종 씨앗을 수집하다가 만난 특이한 조. 강아지풀도 아니고, 그렇다고 조도 아닌 중간 형태였다. 누가 재배하는 것이 아니라 밭둑에서 저절로 자라고 있었다. 수천 년 전 농민들은 이런 걸 선발해 계속 재배하면서 지금과 같은 형태의 조를 육종했을 것이다.

라진 점이라면 좁쌀밥이 아니라 조를 섞은 쌀밥을 내준다는 점이다.

지금은 갈 수 없는 북한 땅에도 조로 만드는 전통 음식이 여럿 존재한다. 평안도에서는 좁쌀로 만든 꼬장떡과 문배주가 대표적이다. 꼬장떡은 함경도에서는 좁쌀 반죽을 길쭉하게 빚은 뒤 가랑잎에 싸서 찐 반면, 평안도에서는 둥글게 빚어 끓는 물에 삶은 뒤 참기름을 바른 다음 콩이나 팥으로 만든 고물을 묻혔다고 한다. 이 떡의 특징은 오래되어도 굳거나 변하지 않아 먼 길을 가는 사람들이 식사 대용으로 들고 다녔다니 일종의 서양식 빵과 같은 역할을 했을지 모르겠다. 문배주야 이제는 대량 생산이 되어 마트 등에서 흔하게 접할 수 있으니, 가격이 조금 비싸더라도 일반 희석식 소주가 아니라 문배주를 맛볼 기회는 얼마든지 있다. 또한 북에서 내려온 함경도 사람들이 속초에서 발달시켜 널리 퍼진 가자미 식해도 조로 만드는 대표적인 음식이다. 이것도 아바이 마을을 방문한다든지 인터넷을 통해서 얼마든지 먹어볼 수 있다. 처음엔 조금 꺼려져도 발효음식 특유의 중독성이 있어 한번 맛보면 또 생각나는 마력이 있다. 마치 홍어처럼 말이다. 식해를 만들 때 특이사항이라면 차조가 아닌 메조를 쓴다는 점이다. 차조를 넣으면 발효가 되면서 밥알이 풀어지기에, 단단한 메조를 넣어 탱글탱글한 좁쌀의 질감을 제대로 살리기 위해서이다.

여기서 잠깐, 근래 활발하게 벌어지고 있는 전통 음식 복원사업에 대해 짚어볼 필요가 있다. 요즘 궁중이나 양반가의 음식을 복원하는 여러 사업들이 행해지고 있는데, 그것이 과연 진짜 전통 음식일까? 이러저러한 옛 요리책을 참조하긴 하지만 서양의 레시피처럼 재료의 양이라든지, 조리 시간, 불의 세기 등등 자세한 사항은 적혀 있지 않아 복원하는 사람의 주관적인 경험 등에 의존하는 경향이 크다. 또한 그 재료의 문제는 어떠한가? 지난 100년 사이에 계속해서 살펴본 것처럼 토종 씨앗은 급속도로 사라졌다. 그 말은 곧, 토종 씨앗을 재배하여 수확한 농산물로 만들어 먹었던 음식도 함께 사라지거나 변했다는 뜻이다. 전통 음식을 복원하려면 그 재료부터 가능하면 당시의 것으로 마련하는 노력이 곁들여져야 하지 않을까? 여러 전통 음식 복원사업을 볼 때마다 재료에 대한 이야기는 쏙 빠져 있어 늘 아쉽게 생각하던 대목이었다. 화려한 음식문화를 자랑하는 개성의 음식만 해도 그렇다.『개성댁들의 개성음식』이란 책에는 개성만의 여러 음식이 나오는데, 그중 배추와 관련된 음식만 해도 배추속대찜을 시작으로 생김치볶음, 김치순두부찌개, 개성배추김치, 김치굴밥, 김치말이국수, 개성김치만두, 개성김치국, 돼지우거지탕, 배추전유어, 개성쌈김치 등 11가지나 된다. 과거 개성은 토종 배추가 유명한 곳이었다. 그만큼 배추를 활용한 요리가 다양한 것이다. 그런데 요즘 그 요리를 만든다고 할 때 어떤 배추를 사용하고 있는가? 속이 꽉 차는 일반적인 배추를 사용하고 있다. 그런데 토종 개성배추는 지금처럼 속이 꽉 차는 그런 배추가 아니었다. 토종 개성배추가 이미 세상에서 사라져 구할 수 없으니 어쩔 수 없다고 하지 말자. 구하려면 충분히 구할 수 있다. 2008년 농촌진흥청에서 독일의 식물유전자원연구소에서 돌려받은 토종 씨앗 가운데 바로 개성배추가 포함되어 있었다. 이를 가지고 농촌진흥청에서 증식을 시도한 결과, 다른 토종 배추와 달리 통이 크고 잎에 털이 적으며 속이 반쯤 차는 반결구성 배추가 복원되었다. 바로 그 점 때문에 개성배추가 유명세를 떨쳤던 것이다. 토종 배추와 요즘 배추의 가장 큰 차이라면 아삭아삭한 그 질감과 특유의 맛이라 할 수 있다. 전통 음식을 복원하거나 새로운 요리를 만드는 데 토종 씨앗이 갖는 잠재력은 클 수밖에 없다. 수요만 있다면 이를 확산시키는 건 일도 아니다. 요즘이 어떤 시대인가? 방송에서는 연일 맛집이며 요리 프로그램이 방영되고, 맛집이라고 소문이 나면 사람들은 1~2시간씩 줄을 서서 기다렸다가 음식

밭에서 자라고 있는 개성배추의 모습. 평소 보던 일반적인 배추와 크기에서 차이가 난다.

수수는 키가 커서 쓰러지는 일과 새 피해 정도만 신경 쓰면 될 정도로 농사가 그리 어렵지 않다. 또 굳이 도정을 하지 않아도 먹기에 거칠하지 않다. 덜 말랐을 때 알곡을 떨어 냉동실에 보관하면서 밥을 지을 때 조금씩 넣어 먹으면 별미이다.

까만 겉껍질 때문에 마치 까치와 같다고 하여 까치수수라 불린다. 수수는 그 키에 따라 장목수수와 단목수수로, 알곡의 찰기에 따라 메수수와 찰수수로, 용도에 따라 빗자루수수 등으로 나뉜다. 수숫대로는 울타리를 만들고, 이삭을 떨고는 빗자루를 매기도 했다. 메수수는 술을 빚고, 찰수수는 밥에 넣어 먹는다. 옛날부터 우리와 아주 친숙한 작물로서, 햇님과 달님 같은 옛이야기에도 등장한다.

한국의 다양한 토종 수수들. (사진 제공 안완식)

을 맛보며 즐긴다. 사람들은 이렇게 다양한 맛을 즐기고 값을 치를 준비가 되어 있지만 그들의 입맛을 충족시켜줄 요리의 재료들은 다수확에 초점을 맞춘 신품종들만 즐비하다. 늘 입으로는 고품질 농산물이니 새로운 소득원 창출이란 문제를 이야기하지만 정작 현실에서는 별다른 실천이 보이지 않는다. 과거와 달리 사람들은 새롭고 다양한 맛을 즐길 준비가 되어 있다. 토종 씨앗은 그러한 수요와 욕구를 어느 정도 충족시켜줄 수 있는 좋은 소재가 될 수 있다. 이제는 농업 관계자들이 행동에 나설 때이다.

수수도 빼놓을 수 없다. 수수도 조처럼 땅을 가리지 않고 어디서나 잘 자라는 작물의 하나인데, 특히 건조한 곳에서도 잘 견딘다는 것이 장점이다. 중국의 대표적인 술인 고량주가 수수를 재료로 만든다는 건 잘 알려진 사실이다. 한국에서는 고구려 시대에 유명했다던 전통주인 계명주의 주재료도 바로 수수이다. 계명주라는 이름은 흔히들 여름철 저녁 무렵 술을 빚으면 밤을 재운 뒤 다음 날 닭이 우는 새벽에 마실 수 있어 붙여졌다고 하는데, 그보다는 한번 마시면 너무 맛이 좋아 다음 날 닭이 울 때까지 마시게 된다는 해석이 더 그럴싸해 보인다. 술맛이 달고 도수가 높지 않아 홀짝홀짝 마시다 보면 일어나지 못할 정도로 취한다고 하여 이른바 앉은뱅이 술이라고도 불리는 한산 소곡주처럼 말이다. 『고려도경』에는 "고구려의 잔치술은 맛이 달고 빛깔이 짙으며 마셔도 취하지 않는다"고 하는 기록이 있으니 나의 해석이 그리 잘못된 것만은 아닐 것 같다. 최근의 분석에 의하면, 수수에는 아연과 철, 인, 비타민 B군 등의 영양분도 풍부하고 항산화성분도 다량으로 함유해 당뇨와 콜레스테롤을 낮추는 데도 좋다고 한다. 밥을 지을 때 조금만 넣어도 쌀과는 다른 질감과 맛을 즐길 수도 있으니 여러모로 괜찮은 곡식이다.

씨앗을 구매하지 않는 농사

앞에서 이야기한 조나 기장을 비롯해 수수 같은 잡곡들은 다른 주요한 식량작물에 비하여 토종 씨앗을 구하기가 한결 수월하다. 그건 이러한 잡곡들이 제대로 대접을 못 받는 이른바 '비주류(minor)' '고아(orphan)' 작물이기 때문이다. 한국에서 제대로 대접을 받는 작물을 꼽자면 역시 최고는 쌀이다. 한국은 정부 차원에서 벼, 보리, 콩, 옥수수, 감자를 5대 식량작물로 선정해 중요하게 다루고 있지만, 과거 일제강점기부터 해방 이후의 농업정책까지 최우선으로 고려하는 작물은 단연코 쌀이다. 그에 비해 보리, 옥수수, 감자는 쌀에 비해 상대적으로 관심을 덜 받고 있지만 그래도 다른 곡식들보다는 엄청난 대우를 받는 것이 사실이다. 콩은 우리 식생활에 중요한 부분을 차지하는 만큼 쌀을 제외한 다른 5대 식량작물보다는 많은 사랑을 받고 있다.

사람의 관심과 사랑을 많이 받으면 좋은 점은 무엇일까? 그와 관련된 연구개발 비용이 많이 책정이 되고, 보급과 유통에도 더 많이 신경을 쓴다는 점일 것이다. 그런데 토종 씨앗 입장에서는, 관심과 사랑을 적게 받으면 받을수록 더 많이 살아남아 있을 가능성이 높다. 사람들의 관심과 사랑이 높아지는 건 반갑지만, 그게 토종 씨앗을 몰아내는 일로 이어지곤 하기 때문이다. 인간의 사랑과 관심을 못 받는 이유는 무엇일까? 대개 돈 때문에 그러하기에 조금은 씁쓸하다.

비주류 작물들은 앞서 살펴본 것처럼 그 지역의 독특한 음식이나 농사 등과 관련된 유무형의 문화적 유산과 밀접하게 연결되어 있는 일이 많다. 농민들과 함께 해당 지역의 기후와 풍토에 잘 적응하며 발달해왔기 때문에 그를 이용하는 일이 흔했기 때문이다. 하지만 그러한 중요성에 비해 재배와 이용 방법을 비롯하여 생물학적, 산업적 측면에 대한 연구와 조사 등은 제대로 이루어지지 않은 경우가 많다. 그러한 점 때문에 종자산업의 그물망에 포함되지 않아 토종 씨앗이 남아 있을 확률이 높은 건 참 역설적이다. 또 다수확을 목표로 하는 신품종이 별로 없는 만큼, 농약과 화학비료 같은 외부의 투입재를 그다지 많이 필요로 하지 않는 것들이 흔하다. 그런데 만약 이들 작물이 지닌 영양학적, 의학적, 산업적 특성들이 여러 연구를 통해 밝혀지고, 사람들의 관심과 사랑이 높아지며 신품종이 육성된다면 토종 씨앗의 다양성에는 해가 될까, 득이 될까? 여타 환금작물들처럼 다양성이 상실될 가능성이 더 높아지지나 않을지 걱정이 앞서는 게 사실이다. 물론 꼭 그렇지는 않지만 말이다.

그 대표적인 사례가 토종 채소들일 것이다. 산업화와 함께 농촌의 사람들이 대거 도시로 이주한 뒤 소수의 농민들이 대다수의 도시민들을 먹여 살리기 위해 농사의 규모는 커지고, 집약도는 높아지며, 회전율은 빨라지고, 다수확에 초점을 맞출 수밖에 없게 되었다. 텃밭 하나 제대로 없는 도시민들은 장기간 보존이 가능한 곡식 이외에도 유통기간이 짧을 수밖에 없는 채소를 일상적으로 섭취해야 했다. 자신이 직접 생산할 공간도, 시간도 부족하니 도시민이 늘어날수록 대량의 채소들을 생산, 유통시켜야 할 필요성이 높아졌다. 그러한 시대의 요구에 따라 도시 근교에는 대규모 시설재배 비닐하우스들이 자리를 잡게 된다. 그런데 그것도 도시가 팽창함에 따라 개발에 밀려 더 외곽으로 쫓겨나고, 길어진 유통 거리와 시간은 냉장 시설이 완비된 창고와 운송수단을 통해 보완했다. 그리고 이제 신품종 채소들은 더 많은 수요를 충당할 수 있을 만큼의 수확량과 긴 유통 거리와 시간을 견딜 수 있는 방향으로 육종되어 보급되면서 과거 텃밭에서 상시적으로 즐기던 토종 씨앗을 완전히 대신하게 되었다. 종자산업과 관련된 정부의 농업정책은 그러한 흐름을 돕는 데 일조했다. 그래도 토종 채소들이 아주 사라진 것은 아니었다. 농촌에서 스스로 자신의 먹을거리를 해결하는 농민들에게 토종 채소들은 여전히 중요한 먹을거리이자 영양의 공급원 역할을 수행하고 있었다. 신품종들에 비해 비록 수확량이 딸렸어도, 그리고 상대적으로 농사짓기에 까다로웠어도 그들은 농민들의 사랑을 잃지 않았다. 왜 그랬을까? 이 의문은 여러 토종 채소들을 직접 만나면서 조금씩 해소되었다.

　먼저 만날 작물은 뿔시금치이다. 그만큼 나의 기억에 강렬한 인상을 남겨준 채소였다. 이 채소를 처음 만난 건 2008년 겨울이었다. 그 전까지 난 시금치라면 모두 동글동글한 모양의 잎을 가진 채소로만 알았다. 아니, 간혹 조금 세모꼴의 잎도 있긴 있었지만 모두 뿔시금치 같지는 않았다. 뿔시금치는 잎의 모양부터 평소에 보던 것과 달리 충격적이었다. 더욱 놀라운 건 그 씨앗의 생김새였다. 잎만 보았을 땐 잎이 좀 뾰족하여 뿔시금치라고 하는 줄로만 알았다. 그런데 세상에! 씨앗을 나누어 주시겠다며 가져오신 봉지에 날카로운 가시가 돋아 있는 정체불명의 것이 들어 있지 않은가.

뿔시금치 씨앗. 이 씨앗을 받으려면 씨앗에 손이 안 닿을 수 없다. 목장갑을 끼고 만져도 잘못하면 따끔하게 손에 박힐 정도로 그 끝이 뾰족하다. 종묘상에서 파는 동그랗고 코팅된 씨앗과는 하늘과 땅 차이다. 맛도 그러하다는 점이 재밌다.

씨앗을 보고서야 이게 왜 뿔시금치인 줄 깨달았다.

뿔시금치를 재배하는 농민들의 이야기는 한결같았다. "이 시금치가 달고 참 맛있어요. 장에서 파는 거랑 비교도 못 하지." 심지어 어떤 할머니는 읍내에 나가 사는 본인의 아들이 시장에서 파는 시금치는 반찬으로 만들어놓아도 손도 대지 않고 뿔시금치만 먹는다며 자신이 계속 씨앗을 받는 이유를 설명하셨다. 이런 이야기를 들으며 토종 씨앗은 누군가를 먹이기 위해 농사짓는다는 사실을 깨달았다. 그래서인지 농촌에서 홀로 사시는 분의 집을 찾으면 그다지 많은 종류의 토종 씨앗을 만날 수 없다. 그냥 하루하루 끼니를 때우는 식으로 해결하는 분들이 많았다. 할아버지가 함께 살고, 도회지나 인근에 자식이 있으면 그들을 챙겨 먹이기 위해서라도 다양한 토종 씨앗을 보전하며 이용하셨다.

또 자식들이 있어도 할아버지가 없으면 상대적으로 토종 씨앗의 종류가 줄어드는 모습을 볼 수 있었다. 할아버지가 아무 도움이 되지 않는 것 같아도 땅을 관리하는 일에서는 큰 도움이 되기 때문인 것 같았다. 씨앗을 심을 수 있는 밭을 만들어주는 일, 그것을 집안의 남성이 전담하고 있었다. 그래서 할아버지와 할머니가 오순도순 정답게 잘 살며 자식들도 말썽 부리지 않고 잘 지내는 그런 집일수록 여러 종류의 토종 씨앗을 보전하고 있는 모습을 흔하게 확인하곤 했다.

다음은 이제는 잘 알려진 강화도의 순무이다. 뿌리의 형태 때문에 이름을 순무라고 부르지만 사실은 배추와 친척 관계에 있는 작물이란 사실은 모르는 사람이 많다. 그래서 그 맛과 생김새가 무와는 전혀 다른 것이다. 흔히 먹는 무로 만든 깍두기와는 다른 맛을 느낄 수 있고, 다른 종류의 영양분을 섭취할 수 있기에 우리의 밥상을 다채롭게 만들어준다. 그러나 순무를 보통 김치나 동치미로 담가 즐기는데, 그 맛이 일반적인 김치와 달라 그다지 달가워하지 않는 사람도 많다. 순무는 원산지가 지중해 연안으로 알려져 있는 만큼 강화도의 기후가 순무를 재배하기에 적당하여 다른 곳에서 재배하면 강화도처럼 농사가 잘되지 않는다고 한다. 옛날 삼국시대부터 흰색의 순무가 재배되었다고 하는데, 이후 1890년대 영국에서 파견된 군사교관들이 가져온 보랏빛의 순무와 교잡이 되었다고 한다. 후자의 것도 100년이 넘는 기간 동안 강화도에 뿌리를 내리고 살아온 만큼 무엇이 더

강화의 특산물 순무. 순무에도 이렇게 두 종류가 있다.

원조이다 따지는 것은 어리석은 일일 것 같다. 강화도 사람들은 지금도 계속하여 직접 순무의 씨를 받아서 재배하기에 1대잡종의 신품종은 찾아보기 힘들다. 맛칼럼니스트 황교익 씨에 의하면, 순무는 무보다 작아 단위면적당 수확량이 무의 1/5 수준이라 가격이 비쌀 수밖에 없는데 그것이 대중화되지 못하는 하나의 장벽이라 지적하기도 했다. 하지만 바로 그 점 때문에 농민들이 계속 주도적으로 씨앗을 받아올 수 있었던 것일지도 모른다.

순무와 비교하면 재밌는 것이 여주, 이천 지역의 토종 게걸무(또는 개걸무)이다. 이 무는 최근 한 종합편성 방송에 등장하여 천식과 폐질환, 기관지 등에 좋다고 하여 한바탕 난리를 일으킨 주인공이기도 하다. 어떻게 알고 나에게 연락하는지 이 무의 씨앗 기름이 필요하다면서 문자나 메일이 와서 크게 곤혹을 치렀다. 게걸무는 생긴 모양이 순무와 매우 비슷하지만, 순무와 달리 이건 배추가 아닌 무와 친척이다. 그러나 육질이 매우 단단하다는 특징은 순무와 같다. 게걸무도 주로 김치, 깍두기, 동치미로 이용하는데, 육질이 단단하기 때문에 냉장고가 없던 시절에도 항아리에 넣어놓기

토종 게걸무. 어른 주먹만 한 크기이다.

게걸무의 잎. 무와 닮은 듯하면서 조금은 다른 모습이다.

장안의 화제가 된 게걸무 씨앗. 토종답게 누구나 씨앗을 받을 수 있는 고정종이기에 마음만 먹으면 농사지어서 씨앗을 늘릴 수 있다.

게걸무 동치미. 양해를 구해 직접 먹어본 결과, 게걸무 동치미는 탄산이 보글보글 일어나는 막걸리 한 사발과 환상의 짝궁이겠다는 생각이 절로 들었다. 그 맵싸하고 아삭한 질감이며 시원함이 최고였다.

만 하면 쉽게 무르지 않아서 이듬해 여름에도 아삭아삭한 식감을 즐길 수 있었다고 한다. 또한 맵싸한 맛이 강하여 그냥 먹으면 코가 찡할 정도라서 아주 색다른 맛이 있다. 요즘 게걸무 씨앗이 인기를 끌면서 중소 규모의 종자회사에서 게걸무 씨앗을 대대적으로 판매하고 있는데, 방송을 타기 전에는 농민들이 직접 씨앗을 받아서 사용하거나 장터에 가서 사다가 심곤 했단다. 토종 채소의 장점이라면 다양하고 색다른 맛도 맛이지만, 굳이 돈을 주고 씨앗을 살 필요가 없다는 점이 무엇보다 중요하다. 토종 씨앗으로 농사를 짓다가 피치 못할 사정으로 씨앗을 받지 못했다면 어떻게 하는가? 그럴 땐 이웃에게서 얻어다 심으면 되었다. 따로 큰 대가는 필요 없고, 나중에 이웃에서 도움을 구할 때가 생기면 또 나누어 주면 되었다. 씨앗은 그렇게 이웃과 이웃 사이에서, 또 마을과 마을 사이에서 돌고 돌았다. 가끔 멀리서 시집을 오는 여성과 함께 혼수품으로, 또는 친정 나들이를 갔다가 해당 지역의 씨앗이 들어오는 경우도 있었다. 사람들의 생활도 그랬지만 씨앗들의 삶도 그다지 들고나는 일이 별로 없었던 시절이었다.

잎은 그대로 김치를 담가 먹거나 아니면 따로 떼어 말려 시래기로도 먹는다. 게걸무의 맛이 일반 무와 다른 만큼 시래기의 맛도 달라 된장을 풀어 국을 끓이면 기가 막히다고 한다. 아쉽게도 먹어보지는 못했다.

게걸무 하면 연관하여 절로 떠오르는 무가 또 하나 있다. 그건 바로 제주의 단지무이다. 게걸무가 어른 주먹만 하다면 단지무는 어른 머리통만 한 크기에 꼭 단지처럼 생겼다. 제주에서는 1960년대까지만 해도 주요 소득작물로 널리 재배했는데 신품종 무가 보급되면서 밀려나 자취를 감추게 되었다고 한다. 2008년 겨울, 제주로 토종 씨앗을 수집하러 나갔을 때도 가장 중점을 두고 찾은 것이 단지무였다. 하지만 끝내 발견할 수 없었고, 그와 유사한 신품종 무만 볼 수 있었다. 그렇게 시간이 흐르고 어느 날, 인터넷을 검색하다가 일본 규슈의 가고시마 지역에서 생산되는 토종 무 사진을 보고 깜짝 놀랐다. 세계에서 가장 큰 무로 기네스북에도 올랐다는 토종 무로 이름은 사쿠라지마 다이꽁이라 한다. 보통 6kg 정도인데 큰 것은 30kg에 이르며, 무의 지름이 약 40~50cm라는 설명까지 보면서 이것이 바로 단지무가 아닐까 하는 생각이 들었다. 도대체 어떤 연유로 제주와 규슈에서 비슷하게 생긴 무가 재배된 것일까? 과거 두 섬 사이에 있었던 교류 때문일까? 아니면 화산섬이라는 지리적 유사함 때문일까? 온갖 상상이 머릿속에서 일어났지만 별다른 해결책은 없이 다시 시간만 흘렀다.

온 동네를 뒤져 밭주인 할머니를 찾았으나, 할머니에게 들으니 이건 옛날 단지무가 아니라 요즘 새로 나오는 '영광무'라는 신품종이란 이야기를 듣고 매우 실망한 기억이 난다.

그렇게 2012년이 되었고, 농업 관련 뉴스에서 제주의 농업기술원에서 토종 단지무를 복원했다는 반가운 소식을 들었다. 이미 2003년부터 제주의 농업기술원에서 제주만의 주요 특산품으로 내세우고자 단지무의 복원을 시도했고, 예전의 그 모습 그대로는 아니지만 90% 정도 복원에 성공했다고 한다. 토종 단지무를 유지하고 있다는 농가와 장터를 다니며 씨앗을 구해 원형을 복원하려 했는데, 신품종 무의 꽃가루가 교잡된 영향으로 약간의 변형이 일어난 것 같다고 한다. 하지만 그 노력과 정성이 얼마나 대단한지 박수를 보내지 않을 수 없었다. 단지무도 앞에서 이야기한 게걸무와 비슷한 특성이 있다. 바로 육질이 매우 단단하다는 점이다. 그래서 이 무도 깍두기나 동치미를 담그면 일반적인 신품종 무와 달리 무가 무르지 않고 더운 여름에도 아삭한 식감이 살아 있다고 한다. 게걸무와 다른 점이라면 좀 단맛이 난다는 것일 뿐, 무청의 독특함까지 비슷하다. 제주에서는 2014년부터 단지무 무청의 기능성 등에 주목하며 본격적으로 농가에 보급했다고

제주의 토종 단지무와 비슷한 형태의 신품종 무의 모습.

일본 가고시마 지역의 특산물인 사쿠라지마 다이꽁. 나중에 들으니, 제주에서도 처음 이 무를 염두에 두고 단지무의 복원사업을 추진했다고 한다. 이 지역에서는 2000년부터 매년 무 콘테스트를 개최하고 있다. (사진 제공 Jason7825)

하는데, 아직 소문이 들리지 않으니 널리 확산되지는 않은 것 같다. 모쪼록 다양한 이용법이 개발되어 더 많은 사람들이 단지무를 즐길 수 있길 바랄 뿐이다. 제주를 여행하는 새로운 재미가 더해질 수 있도록 말이다.

씨앗을 구입할 필요가 없으면서 쏠쏠하게 먹는 재미가 있는 농사로는 조선 파만 한 것이 없다. 요즘 시장에서 판매하는 대파는 뿌리 쪽의 흰 부분이 많고 굵은 줄기파가 대부분이다. 이에 반하여 토종 파는 줄기의 굵기가 가늘고 크기도 작아 수확량에서 확연히 차이가 나긴 한다. 하지만 집에서 먹을 용도로는 시장용 줄기파에 비해 농사짓기가 더 수월한 편이라 좋다. 텃밭 한쪽에 대파를 심어놓고 오가며 필요할 때마다 하나씩 캐 먹다가, 겨울을 나고 이듬해 대파 꽃이 피면 기다렸다 씨앗을 받아 다시 심을 수 있기도 하다. 할머니들의 텃밭에서 빠지지 않고 자리를 잡고 있는 것이 토종 파이다. 그만큼 우리 식생활에서 요긴하게 쓰인다.

토종 파의 특징인지, 아니면 재배법과 신선도의 차이 때문인지 정확

얼어 죽지 않고 겨울을 나는 토종 대파. 몇 뿌리 캐어 집 안 화분 같은 데 심으면 겨울에도 대파의 맛과 향을 즐길 수 있다.

대파의 씨앗을 받으려면 특별한 작업은 필요 없고, 검은 씨앗을 따다가 양파망 같은 데 넣어 말리면 된다.

히는 알 길이 없지만, 직접 재배한 토종 대파를 먹다가 간혹 대파를 사다 먹으면 아무 맛과 향도 없다고 느낄 정도로 생김새만 대파 같다는 생각이 든다. 토종 대파는 텃밭에서 뽑아다 칼로 썰면, 즙이 줄줄 나오면서 그 맵싸함 때문에 양파를 써는 것처럼 눈이 맵고 눈물이 날 정도이다. 대파는 원래 추위에 잘 견디는 성질이라 씨앗 받는 일이 그리 어렵지 않다. 그러나 시장에 출하하려는 목적으로 재배하는 대파들은 꽃대가 올라오면 상품성이 떨어져 그전에 수확해야 하기도 하거니와, 예전에는 주로 일본산 종자를 수입해서 팔다가 최근에는 종자 로열티 문제로 1대잡종을 개발해 판매하는 경우가 많기에 매년 씨앗이나 모종을 새로 구입하여 사용한다. 아무리 토종 씨앗이라도 대파 같은 경우에는 씨앗의 수명이 짧기 때문에 2년 이상 묵은 씨앗을 심으면 싹이 잘 트지 않는다는 점을 유념해야 한다. 토종 씨앗이 만능은 아니기 때문이다.

토종 오이도 꽤나 재밌는 작물이다. 토종 오이는 요즘 많이 먹는 개량종 오이와 비교하면 짧고 오동통하다. 누구는 그 모습을 보고 꼭 '조선사람'처럼 생겼다고 표현하기도 한다. 농사도 그리 어렵지 않다. 어렵게 구조물을 설치하지 않아도 덩굴이 땅으로 뻗어 기면서 오이가 말 그대로 주렁주렁 달린다. 한창 오이가 쏟아져 나올 때는 그 양을 감당하기 어려울 정도로 많이 달린다. 땅으로 긴다고 오이가 흙에 닿아 상하기라도 하면 어쩌나 하는 걱정은 기우일 뿐이다. 흙에 닿아도 전혀 상하는 일 없이 쌩쌩하게 잘 산다.

한 가지 단점이라면 오이가 금방 늙는다는 것이다. 짧고 뭉툭하여 조금 더 키우려고 기다렸다간 금세 누렇게 늙어버린다. 그래서 오이소박이에는 적당하지 않다. 오이소박이는 역시 시장에서 파는 가늘고 길쭉한 오이로 담그는 것이 상책이다. 대신 살집이 많기 때문에 다른 여러 요리에는 참 좋다. 오이생채나 깍두기를 담글 수도 있고, 소금물에 박아 장아찌로 만들어도 좋고, 오이무름국이나 오이찜 같은 요리를 할 때도 좋다.

토종 오이는 씨앗을 받는 일도 이렇게 간단하다. 늙은 오이 중 마음에 드는 걸 고른다. 충분히 늙을 때까지 놔둔다. 또 놔두고 놔둔다. 그러다 완전히 늙었다고 생각이 될 때 집에 가져다 놓는다. 그 상태로도 최소 한

토종 오이라고 해서 땅으로 기어다니게만 재배하지 않아도 된다. 이 농가는 따로 구조물은 설치하지 않고 오이덩굴이 울타리를 타고 올라가게 심었다. 농사는 사람이 머리를 어떻게 쓰느냐에 따라 달라지는데 백이면 백, 같은 방식이 없다. 그래서 남의 제사상에 감 놔라 배 놔라 하지 말라는 말처럼, 남의 농사에 이러쿵저러쿵 이야기할 필요가 없다. 그저 지켜보고 배울 만한 점이 있으면 배우면 그만이다.

완전히 늙은 오이. 먹기에는 적당하지 않으나 씨앗 받기에 좋은 상태이다.

이렇게 오이 속의 씨앗을 긁어내 바구니에다 박박 씻으면 오이씨를 싸고 있는 막이 잘 벗겨진다.

달은 멀쩡하기도 한데, 적당한 때를 골라 오이를 갈라 속에 노랗게 잘 영근 씨앗을 긁어낸다. 씨앗을 싸고 있는 말캉하고 투명한 껍질을 박박 씻어 벗겨낸다. 그늘지고 바람이 잘 통하는 곳에서 잘 펴서 말린다. 이러면 끝이다. 어떤가, 너무 쉽지 않은가? 그래서 토종 채소 종류는 상대적으로 씨앗을 받기가 편한 것들이 많이 남아 있다. 곡식 종류야 수확하여 알곡을 떨면 그것이 그대로 씨앗이 되기에, 채소 씨앗을 받는 일에 비하면 누워서 식은 죽 먹기이다. 채소는 꽃이 피는 걸 기다리고, 또 벌과 나비 등이 수정을 시켜 씨앗이 맺히길 기다려야 한다. 이렇게 기다리다가 뜻하지 않게 습한 날씨나 비가 자주 오면 씨앗이 모두 썩어 뭉그러지거나 싹이 트는 등의 낭패를 보기 십상이다. 그래서 토종 채소 씨앗은 여러 종류를 보전하기가 쉽지 않다. 농사에 숙련되고 부지런해야 한다. 가끔 농사 초보인 분들이 토종 씨앗이 좋다는 얘기에 여러 종류에 욕심을 내는 경우를 보곤 한다. 그럴 때면 이건 만만히 볼 일이 아니며 귀한 씨앗들이니 일단은 1~2가지부터 시작하시라고 말씀을 드린다. 어느 일이나 그렇겠지만 과욕은 금물이다.

전통농업에 어울리는 토종 씨앗

전통농업이란 무엇인가? 단순하게 접근하여, 옛날에 농약과 비료가 없거나 부족하던 시절의 농사라고 하자. 토종 씨앗은 다수확을 목적으로 하는 신품종과 달리, 그런 상황에서 적응하며 살아와 농약과 비료가 없거나 부족해도 농사가 괜찮게 된다. 아니 어떤 씨앗은 오히려 농약과 비료가 투입되면 농사가 망하는 경우도 있다. 그래서 "토종 씨앗은 토종 농법으로 농사를 지어야 한다"고 표현한다.

 이 말을 처음 들은 건 2009년 장흥의 이영동 선생에게서였다. 당시 이분은 60여 가지의 토종 씨앗을 수집하여 재배하면서 직접 육종도 실천하고 계셨다. 특히 여러 토종 벼를 가지고 사람들이 좋아할 만한 품종을 만들어 마을의 소득을 높이는 일도 했다. 본인이 직접 여러 토종 벼를 재배해보니, 옛날 벼들은 대부분 키가 큰데 여기에다 요즘 농법에서 알려주듯이 비료를 주면 키가 너무 커서 잘 쓰러져 문제가 된다는 걸 깨달았다. 그래서 요즘 신품종들은 개발할 때부터 비료와 농약을 기본으로 투입하는 걸 전제하지만, 옛날 토종 씨앗들은 그렇지 않았다는 점을 생각하며 오히려 거름이 부족한 듯 키우니 적당하게 잘 큰다는 것을 경험한다. 그 결과를 바탕으로 토종 씨앗은 토종 농법으로 농사를 짓는 게 좋다는 결론을 내리게 된 것이다.

여기서 잠깐, 앞쪽에 '조동지'라는 벼의 사진(151쪽)으로 돌아가보자. 그 안내푯말에 "재래품종, 잘 쓰러짐, 병해충 약함"이란 문구를 보자. 옛날 토종 벼들은 요즘 신품종 벼들에 비해 확실히 키가 크다. 요즘 벼들은 키가

2009년 이영동 선생을 만나 여러 토종 벼들에 대해 이야기를 들었다.

무릎 정도밖에 안 오는 데 반해, 토종 벼들은 허리 이상으로 크곤 하여 거의 2배나 차이가 난다. 이렇게 작물의 키가 작아지도록 육종하는 걸 '왜소화(dwarfing)'라고 하는데, 일찍이 노먼 볼로그 박사가 녹색혁명의 씨앗을 만든 방법이기도 하다. 작물의 키가 작아지니 줄기로 갈 양분이 이삭에 더 집중될 수 있고, 그렇게 이삭이 크고 많이 달려도 키가 작아 잘 쓰러지지 않기에 농사가 망하지 않는다. 이를 통해 수확량을 높일 수 있었던 것이다. 그 육종에 한국의 앉은뱅이밀이 몇 다리 건너 중요한 역할을 담당했다. 이영동 선생은 토종 벼들의 키가 큰 것에 대해 농약이 없던 시절이라 그랬을 거라 추측한다. 다른 풀들보다 먼저 키가 크게 자라서 공간을 선점하여 그들의 생장을 억제하려는 것이 아니었을까 하는 해석이다. 일면 일리가 있다. 여기에 더해 또 한 가지 간과해서는 안 되는 측면이 있다. 바로 문화적인 요인이다. 옛날 농민들이라고 키가 작은 벼에 여러 이점이 있다는 걸 몰랐을 리

없다. 그런데 왜 그들은 굳이 애써서 키가 큰 벼를 선택한 것일까? 그건 볏짚 때문이다. 쌀 말고 볏짚도 과거에는 귀중한 자원이었다. 볏짚의 양이 충분해야 초가집의 지붕도 교체하기 좋고, 소중한 농사꾼이던 소를 사육하는 데도 도움이 됐다. 어디 그뿐인가, 각종 생활도구를 만들 때도 볏짚이 중요하게 사용되었다. 새끼줄도 꼬아야 하고, 멍석이며 가마니, 둥구미, 신발 등 등 여러 가지를 볏짚으로 만들어야 했다. 볏짚이 충분히 생산된다면 그를 위해 쌀을 조금 포기하더라도 괜찮을 것이다. 이와 비슷한 사례가 멕시코에서도 발견된다. 멕시코 푸에블라의 농민들은 1960년대 말에서 1970년대 초 사이에 다수확이 가능하다는 '녹색혁명'의 옥수수 품종을 받아들인다. 이러한 품종들은 기존 토종 옥수수와 달리 줄기와 잎을 줄이는 대신 더 많은 옥수수를 생산하고자 육종되었다. 그런데 몇 년 동안 이 품종을 심던 농민들이 다시 예전의 토종 옥수수를 재배하는 일이 속출한다. 학자들이 이상하게 여겨 조사하니, 신품종 옥수수는 줄기와 잎이 적어져 가축을 사육할 때 필수적인 먹이가 줄어들어 곤란했기 때문이라는 사실을 발견했다.[72]

    토종 벼가 가진 또 다른 특징으로는 가뭄에 강하고, 물이 적어도 싹이 잘 트며, 까락이 있는 품종이 많다는 점을 들 수 있다. 이제 이 글을 읽는 독자들은 그 이유를 짐작할 수 있을 것이다. 예전에는 지금처럼 수리시설이 잘 갖추어져 있지 않았다. 천둥지기(天水畓)라고 하여 비가 제대로 와야만 논에 물을 댈 수 있는 조건이었다. 그래서 논마다 물이 나는 곳에는 둠벙을 만들고 했지만 지금처럼 물이 넘치게 풍족한 상황은 아니었다. 물론 지금은 관정 등으로 지하수라는 소중한 자원을 낭비하는 측면도 있지

---

72   Stephen R. Gliessman, *Agroecology: The Ecology of Sustainable Food Systems*, CRC Press, 2006. 4장 참조.

벼 알곡에 길게 붙은 것이 바로 까락(芒)이다.

만 말이다. 토종 벼들은 그런 환경에 적응하며 스스로 가뭄에 강해지도록 진화해온 것이다. 물이 적어도 얼른 싹을 틔울 수 있도록 하며 생존을 도모했다. 까락의 존재도 이와 연관지을 수 있다. 까락이 있으면 아침저녁으로 이슬이 내릴 때 '물'을 더 확보하는 데 도움이 된다. 까락 때문에 물기가 뭉치기 더 쉽기 때문이다. 그뿐만 아니다. 까락이 있음으로써 새나 벌레 같은 것들의 피해를 조금이라도 막아주는 측면도 있다. 옛날 사람들이라고 지금보다 머리가 나쁜 건 아닐 텐데 그들이 왜 굳이 키가 크고 까락이 있는 벼를 선택해서 이어왔는지 다시 생각해볼 문제이다. 절대 미개하거나 기술이 없어서 그러지는 않았을 것이다. 이러한 점으로 미루어보아, 나는 제대로 조사와 연구가 행해지지 않아서 그렇지 벼만이 아니라 다른 종류의 토종 씨앗도 당시의 농사 환경에 적합하도록 적응하며 살아오지 않았을까 추측한다. 그걸 내가 밝힐 만한 능력은 없으니 누군가가 나서서 해결해보기를 기다린다.

전통농업의 농법 가운데 정수는 돌려짓기, 사이짓기, 섞어짓기에 있다고 생각한다. 그러한 농법은 토종 씨앗만으로 가능한 일은 아니고 신품종으로도 충분히 가능하긴 하다. 그런데 여기서 언급하는 이유는 아래와 같은 사례를 이야기하고자 함이다. 토종 씨앗을 수집하러 다니면서 흔하게 볼 수 있는 풍경이 마늘밭 고랑에 상추가 자라고 있는 모습이었다. 도대체 저것이 무슨 풍경인지 밭주인 할머니를 붙들고 꼬치꼬치 캐물었다. 결론은 원래 마늘밭 두둑에 상추를 심었는데 이제는 비닐을 까니까 거기에

할머니들의 농법. 마늘밭에 비닐이 자리하면서 원래 두둑에 심었던 상추가 고랑 부분으로 이동했다. 비닐이 할머니들의 '본능'을 막지 못했다.

직접 받은 상추씨는 종묘상의 씨앗과 색부터 다르다. 어차피 묵어야 발아율만 떨어지니 아낌없이 뿌린다. 배면 숙아서 비벼 먹으면 되니.

는 못 심어서 고랑에다 씨를 뿌린다는 것이었다. 도대체 그게 무슨 효과가 있는 걸까? 궁금하여 직접 마늘밭 두둑과 빈 두둑에다 상추씨를 뿌려보았다. 이걸로 정확한 비교실험은 될 수 없지만, 마늘밭에 뿌린 상추가 싹이 더 잘 트고 이후에 자람새도 더 좋았다. 마늘과의 상호작용 때문인지, 마늘밭의 밑거름 때문인지 그 이유를 알 길이 없어 아쉽지만 나는 지금도 습관처럼 마늘밭에 상추를 뿌리게 되었다. 웨스턴 오스트레일리아 대학 진화생물학 센터의 연구원이 텃밭농사를 짓는 사람들이 바질과 함께 고추씨앗을 심으면 더 좋다는 이야기를 듣고 행한 연구에서 보면, 확실히 두 작물이 같이 있으면 싹이 더 잘 튼다는 결과가 나오긴 했다.[73] 한국에서도 고추와 들깨나 대파 같은 향이 강한 작물을 심으면 좋다는 이야기는 널리 알려져 있는데, 서양에서는 그 역할을 바질이 대신하는 것 같다. 상추와 마늘도 그런

73 Monica Gagliano et al., *Love thy neighbour: facilitation through an alternative signalling modality in plants*, BioMed Central Ecology, 2013.

상추꽃. 작물의 꽃 중에 상상 외로 예쁜 꽃들이 매우 많다. 토종 씨앗을 재배해 씨앗 받는 농사를 시작하면 이렇게 텃밭을 꽃밭으로 즐길 수도 있다. 농사를 단순히 생산·소비의 관점으로만 접근하면 이만큼 고된 일도 없다. 농사를 예술로 만드는 건 모두 농사짓는 사람이 하기 나름이다.

관계일까? 아무튼 아직 우리가 모르는 영역이 너무나 많은 것 같다.

마지막으로 소개하고픈 작물은 '콩밭열무'이다. 강경에서는 지난 2013년부터 콩밭열무 축제라는 행사를 개최하고 있다. 그 유래는 예전 강경 지역의 농민들이 콩밭의 고랑에다 열무를 심어 여름철 강경장에 내다판 것이라고 한다. 그런데 그 축제에는 중요한 알맹이가 빠져 있다. 바로 콩밭열무라는 주인공이다. 콩밭열무라는 말은 5월 말에서 6월 말 사이 콩을 심으면 아직 콩이 크게 자라기 이전이라 그 사이의 공간이 남는 걸 이용해 열무를 재배하는 농법에서 온 이름이다. 그렇기에 그냥 콩밭 사이에다 열무만 심으면 모두 콩밭열무라고 부를 수 있을지도 모른다. 하지만 내가 만난 콩밭열무는 조금 다른 종류이다.

나는 토종씨드림을 통하여 콩밭열무 씨앗을 구해 실제로 재배하게 되었는데, 이것이 싹이 나고 자라는 과정을 지켜보다가 일반적인 열무와는 전혀 다른 생김새를 하고 있어 너무 당혹스러웠다. 혹시 중간에 다른 씨앗을 잘못 심은 건 아닌지 몇 번이고 확인까지 했다. 분명 내가 알기로는 콩밭 사이에다 심어서 콩밭열무라고 하는 것이었는데, 이건 열무도 아니고 배추도 아닌 듣도 보도 못한 이상한 놈이 자라는 게 아닌가. 하도 이상해서 잎을 뜯어다 먹어보았는데 요상한 맛에 그냥 뱉어버리고 말았다. 도대체 누구냐 넌? 이건 이름만 열무이지 무 종류가 아니라는 사실을 나중에 씨를 받으려고 노란 꽃이 핀 모습을 보고서야

토종씨드림을 통해 얻은 콩밭열무. 처음 열무와 같은 종류인 줄 알았다가 그것이 아님을 알고 이상한 씨앗을 잘못 심은 건 아닌지 크게 당황했다.

알게 되었다. 무도 아니고, 배추도 아닌 유채의 일종이었다. 강경의 콩밭열무가 지금 일반적으로 먹는 그 열무를 가리키는지 아닌지 조사해보지 않는 이상 알 길은 없다. 만약 그렇다면 콩밭 사이에 열무를 심는 농법을 가리키는 말일 것이고, 그렇지 않고 다른 작물이 있었다면 내가 구해서 심은 콩밭열무를 지칭하는 것일 테다.

요즘 이와 비슷한 일을 자주 목격하곤 한다. '세계농업유산(Globally Important Agricultural Heritage Systems)'이란 말을 들어본 적이 있는가? 일종의 유네스코에서 지정하는 세계유산과 유사한 개념인데, 이건 식량농업기구에서 지정하는 사업이다. 세계적으로 농민들이 대를 이어가며 자연자원을 보존하고 지역에 적합한 농법을 활용하여 창출하고 관리해온 특정한 농업 환경을 지키려고 만든 것이다. 한국에서는 현재 청산도의 구들장논과

제주도의 밭담이 지정되어 있다. 예전에 이를 준비하는 작업에 불려 간 적이 있다. 그때 구들장논과 밭의 돌담이란 형식은 남아 있지만, 그 안에 어떤 내용을 담을 것인지 고민할 필요가 있다며 박물관 같은 껍데기로 전락하지 않도록 토종 씨앗으로 농사짓는 일도 고민하는 것이 좋겠다는 의견을 냈다. 의견은 의견일 뿐이라 전혀 반영이 되지 않았다. 과거 청산도와 제주도의 농민들이 자신들에게 주어진 자연환경에 최대한 적응하며 만들어낸 독특한 농업 환경이 구들장논과 밭담이고, 거기에서는 지금과는 다른 씨앗으로 다른 방식의 농사가 이루어졌을 것이다. 그러한 걸 온전히 살리는 것이 아니라 그저 '구경거리'로 되살리려는 모습을 보고 크게 실망한 기억이 있다. 물론 돈이 투입되어야 보존할 수 있는 명분이 생기고 동력이 발생한다는 사실은 부정할 수 없다. 하지만 그 안에 담긴 내용이 부실하면 사람들이 와서 무얼 보고 듣고 느끼고 돌아가겠는가. 그러다가는 단순한 관광자원으로 전락할 것이 불을 보듯 뻔한 사실이다. 요즘 지역민들이 자신들만의 내용을 만들어 담으려고 열심히 노력하는 모습을 보이는 것이 그나마 다행이다. 앞으로 어떤 방향으로 나아갈지 귀추가 주목되는 곳들이다.

작물다양성이
문화의 다양성을 낳는다

문화(文化)란 "자연상태에서 벗어나 일정한 목적 또는 생활 이상을 실현하고자 사회구성원에 의하여 습득, 공유, 전달되는 행동양식이나 생활양식의 과정 및 그 과정에서 이룩한 물질적·정신적 소득을 통틀어 이르는 말이다. 의식주를 비롯하여 언어, 풍습, 종교, 학문, 예술, 제도 따위를 모두 포함한다."[74] 그렇다면 토종 씨앗과 관련되어 이어져온 우리의 언행이 모두 문화라고 할 수 있다. 토종 씨앗의 각가지 이름들, 그걸 심고 가꾸고 거두기 위해 마련하는 도구의 제작과 여러 농법에 관련된 언행들, 그리고 토종 씨앗을 재배해 생산하여 먹고자 조리하는 과정에 필요한 도구와 언행까지 모든 것이 '토종 씨앗의 문화'라고 할 수 있다.

    옛 소련의 육종학자 바빌로프는 일찍부터 이런 점에 주목했다. 그는 농민들이 작물의 특정한 유전적 변이에 기울이는 관심은 우연히 생긴 것이

---

74   국립국어원 표준국어대사전 참조.

아니라, 수천 년에 걸쳐 발전하고 이어져온 그들의 문화적 전통 속에서 생긴 것이라고 강조했다. 그래서 농민들이 왜, 어떤 씨앗을 어떻게 선발하는지, 그리고 그렇게 다양한 토종 작물의 유전자에서 무엇을 얻고자 하는지, 또 지역마다 서로 다른 농업의 모습은 어떤 의미가 있는지 이해하는 것이 중요하다고 보았다. 앞에서 한국의 토종 벼를 언급하며 농민들이 왜 수확량이 떨어지고 농사짓기 까다로울 수 있는데도 키가 크고 까락이 있는 것들을 골라서 재배하고 이어왔는지 설명한 바 있다. 바로 한국의 문화 속에서 그것이 가장 적합하다고 판단했기 때문이다. 그러면 왜 지금은 다수확에 초점을 맞춘 신품종 벼들 위주로 재배되는가? 당연히 그것을 필요로 하는 사회문화적 요구가 있었기 때문이다. 이제는 그러한 사회적 요구가 변화하고 있다는 데 주목해야 한다. 이제 우리의 사회와 문화는 다양성을 요구하고 있다고 생각한다. 그리고 그러한 요구에 응할 수 있는 수단의 하나가 토종 씨앗이다.

  토종 씨앗의 이름만 보아도 매우 재미난 것들이 많다. 우리의 식생활에 다양하게 쓰이고, 원산지에 가까워 엄청난 다양성을 보이는 콩을 예로 들어보자. 그 색에 따라 흰콩, 노란콩, 밤콩, 검정콩, 푸른콩, 불콩, 먹태가 있고, 무늬에 따라 아주까리콩, 아주까리밤콩, 선비잡이콩, 눈까매기 등이 있으며, 크기에 따라 한아가리콩, 새알콩, 쥐눈이콩, 나물콩, 자갈콩이 있고, 농법과 관계된 쉰날거리콩, 유월콩, 논두렁콩 등이 있다. 이렇듯 토종 콩의 이름 하나만 해도 조상 대대로 이어져온 생태지식이 담겨 있는 걸 확인할 수 있다. 조와 관련된 제주의 언어는 또 얼마나 다양한지 모른다. 조의 알갱이를 뜻하는 조, 조를 떨어낸 빈 이삭을 가리키는 조각막이, 쭉정이를 뜻하는 조붕당체 또는 조붕뎅이, 조짚은 조쩍이라 하고, 겉껍질은 조체, 조의 이삭은 조코고리, 조를 베고 남은 그루는 조크르라 한다.

품종의 이름만이 아니다. 우리가 흔히 쓰는 언어에도 농사의 흔적은 여기저기 남아 있다. 흔히 '쑥맥'이라 하는 숙맥(菽麥)은 외떡잎식물인 보리와 쌍떡잎식물인 콩의 싹도 구분하지 못하는 사람을 뜻한다. 그리고 '조바심을 낸다'는 말은 조의 이삭을 떠는 일의 어려움에서 온 말이다. 하다 못해 '낫 놓고 기역자도 모른다'와 '가뭄에 콩 나듯이'는 물론 '부지깽이 손이라도 빌린다'는 속담도 모두 농사와 관련이 있다.

제주의 토종 메주콩인 푸른독새기콩. 제주에서는 일반적인 누런 색의 메주콩이 아니라 이 콩으로 된장을 만들어 먹었다고 한다. 그 이름은 콩의 빛깔에서 '푸른'이란 말이, 모양에서 '독새기(달걀)'가 와서 푸른독새기콩이 되었다. 이처럼 토종 씨앗의 이름에는 많은 정보가 담겨 있다.

요즘은 점차 농업의 기계화가 이루어지면서 대접을 못 받고 있지만, 소농의 중요한 농기구인 호미의 종류도 참으로 다양하다. 논과 밭에서 쓰는 호미가 다르고, 씨앗을 심을 때 쓰는 것과 풀을 맬 때 쓰는 것, 수확을 할 때 쓰는 호미도 다르다. 그런가 하면 지역마다 각지의 흙이 지닌 특성에 맞추어 호미의 모양이 다르고, 또 사람마다 자신의 목적에 따라 대장간에 부탁해 서로 다른 호미를 만들어 썼다. 이 모든 것이 문화를 다양하게 만드는 일이다. 그런데 지금은 어떠한가? 공장에서 찍어낸 중국제 호미들이 철물점에서 팔린다. 각각의 용도나 농지의 특성에 맞출 수 없고 기성복처럼 천편일률적으로 제작된 호미에 그걸 사용하는 사람이 맞추어야 한다. 대신 가격은 엄청나게 싸다는 장점이 있어 후다닥 쓰다가 고장이 나면 쉽게 버리고 다시 사기는 편하고 좋다. 다른 여러 물건들처럼 '패스트 농기구(fast farm-tool)'의 시대이다.

지역별, 용도별로 다양한 모양의 호미들. (사진 촬영 농업박물관)

제주는 육지와는 다른 이국적인 지역이다. 이곳에서는 호미를 골갱이라 부른다. 골에 쓰는 괭이라는 의미인 듯하다. 호미는 하면 낫을 가리킨다. 또한 고구마는 감자(甘藷), 감자는 지실(地實)이라고 부른다. 한자의 풀이를 보면 그것이 더 바른 명칭 같다.

    미국의 정치가 벤자민 프랭클린은 인간을 '도구를 제작하는 동물(Toolmaking Animal)'이라고 정의한 바 있다. 또 프랑스의 철학자 앙리 베르그송은 인간을 자신에게 필요한 도구를 만드는 호모 파베르(Homo Faber)라고도 했다. 그런데 과연 현대의 인간은 어떠한가? 직접 자신이 필요한 물건을 만드는 소수의 몇몇을 제외하고는 대부분 소비하는 동물(Consuming Animal)이 아닐까? 하지만 전통적으로 농부는 '제작하는 동물'이었다. 토종 씨앗을 손수 받아서 심고 가꾸고 거두는 과정에서 자신이 필요한 도구들을 직접 만들어서 사용했다. 쇠는 전문적으로 다루는 대장장이에게 맡기더라도 호미와 낫, 괭이의 자루며, 도리깨, 쟁기, 삼태기, 뒤웅박, 바가지, 새끼줄 등등의 여러 도구를 만들어서 사용했다. 이를 위해서는 어떤 나무를 어떤 용도로 쓰는지에 대한 지식을 가지고 있어야 하고, 그러한 나무들을 구분하고 어디에서 자라는지 알아야 했으며, 자신의 몸을 자신이 의도한 대로 부릴 줄 알아야 했다. 온전히 자신의 삶을 주체적으로 이끌어갔다. 소비하는 인간은 그렇지 않다. 외부에서 만들어 갖추어져 주어진 것을 교환도구인 돈을 통해 구매하여 사용만 할 뿐이다. 이런 환경에서 문화가 다양해질 리 없다. 자신의 삶을 주체적으로 살아가는 각각의 개체들이 모일 때 그런 곳에서 다양성이 풍부해지고 더 새로운 것이 창조될 수 있다. 현대의 농업은 각각의 농민을 생산자로, 도시민을 소비자로 바꾸어놓았다. 농민은 더 이상 스스로 무언가를 만들 필요가 없다. 업체들이 기계를 제공하고 씨앗을 판매하며, 농자재를 공급한다. 그리고 국가는 그러한 업체를 돕는 정책을 만들어 예산을 집행한다. 산업은 융성하고 경제는 성장했지만, 그 과정에서 농민은 스스로 자신의 삶을 결정하는 주체적 존재가 아니라 단순한 농산물 생산업자로 바뀌었다. 그에게 필요한 것도 오직 교환도구인 돈뿐이다.

주변에서 흔히 구할 수 있는 대나무에다 물푸레나무 대신 고무호스로 도리깻열을 매달았다. 창조적 변용이라 할 수 있다.

원래 도리깨라 하면 사진처럼 박달나무같이 단단한 나무로 자루를 만들고, 낭창낭창한 나무를 이용해 도리깻열을 달았다.

갈퀴 재료 준비. 대나무를 잘게 쪼갠 뒤 불에 구우며 원하는 각도로 구부린다. 이렇게 모양이 굳으면, 자신의 키에 맞게 쓰기 좋은 기다란 자루에 갈퀴살을 잘 묶어서 완성한다.

비수수는 이삭을 떨어낸 뒤 알곡은 먹고, 남은 것으로 빗자루를 맨다. 중국산 빗자루는 쓰기가 너무 불편하지만, 이렇게 잘 맨 빗자루는 없는 먼지도 쓸 것처럼 부드럽게 잘 쓸린다.

집 주변에 대나무가 흔한 농가에서는 이렇게 대나무를 베어다 마당을 쓰는 빗자루를 매기도 한다. 만들기 간편하고 손쉽다는 것이 장점.

박 농사를 지어 박 속은 파서 먹고 껍질은 삶아 말려 바가지로 쓴다. 이런 바가지야말로 진짜 친환경 제품이 아닐까? 요즘 아이들은 바가지라 하면 플라스틱 제품을 먼저 떠올릴지도 모른다.

지금은 흔히 볼 수 없는 쟁기의 하나인 극쟁이. 주로 골을 타는 용도로 사용한다. 울릉도의 경사가 심한 농지에서는 농기계가 들어가기 어려워 아직 소를 이용해 농사짓는 노농들이 존재한다.

음식문화에서도 마찬가지이다. 우리 식생활에서 기본이 되는 된장의 경우만 보아도 대부분의 사람들이 식품가공업체에서 만들어져 시판되는 된장을 사다 먹는 일이 많다. 집집마다 농사를 짓지 않고, 부모가 농촌에서 농사를 짓더라도 현대 주택의 구조 때문에 김장이나 장을 직접 담그기 어려운 환경이기 때문에 더욱 그렇다. 식품가공업체의 된장은 내가 원하는 재료로, 내가 원하는 맛을 요구할 수 없다. 그냥 업체에서 만들어서 파는 대로 구매할 수밖에 없다. 식품가공업체에서는 이윤을 위해 최대한 싼 재료를 대량으로 구매해 균질한 결과가 나올 수 있도록 선택된 균을 이용해 발효과정

지게감. 지게는 보통 소나무로 만들었다. 농민들은 나무를 하러 다니거나 산에 다니면서 나무 하나도 허투루 보지 않고 저건 어디에 쓰면 좋겠다고 찜해두었다가 필요할 때 가져다 유용한 도구를 만들었다. 이렇게 만들면 틀에 박히지 않고, 자신의 용도에 따라 자신의 신체 치수에 맞게 만들 수 있다.

을 거친 뒤 많은 사람들의 평균적인 기호에 맞추어 제품의 맛을 조절해 시장에 출하한다. 그런 맥락에서 식품가공업체의 대량생산 대량판매 방식의 장점은 누구나 손쉽고 값싸게 완성된 제품에 접근해 이용할 수 있다는 점을 들 수 있겠다. 제품을 구매했다가 실패할 확률도 적고, 혹시 모를 식품 안전사고에도 그 잘잘못을 따지기에도 좋다. 하지만 다양성의 측면에서 본다면 어떠한가? 저마다 다른 사람들의 입맛을 맞추는 일도 어렵고, 재료와 균 등 종류가 한정되어 있기에 각각의 제품마다 다른 맛을 내기도 어렵다. 주류산업과 주류세 및 그를 뒷받침하는 정책으로 인해 집집마다 담그던 가양주가 쇠락하여 사라졌다는 건 잘 알려진 사실이다. 그것과 마찬가지로

식품산업이 발전하면서 우리의 음식도 급속도로 균일화, 획일화되었다. 그나마 시골의 부모님이 보내주시던 김치와 된장, 간장도 점차 사라지고 있으며 그 속도는 더욱 빨라질 것이다. 토종 메주콩을 재배하는 할머니에게서 들었던 이야기가 있다. 본인은 현재 자신이 재배하는 메주콩을 무슨 일이 있어도 지킬 것이라 하셨다. 예전에 콩을 밑진 일이 있어서 장에 가서 요즘 콩으로 메주를 쑤어 된장을 담갔는데 그게 맛대가리가 없어서 남은 걸 그냥 홀랑 버렸다고 자신이 재배하는 토종 메주콩이 면에서 나오는 신품종보다 수확은 적지만 맛이 정말 좋다는 말씀을 하시면서 말이다.

하지만 문제는 남아 있다. 토종 콩으로 된장을 만들면 맛은 정말 좋지만 가격이 문제가 될 수도 있다. 그동안 신품종이 계속해서 다수확이란 양에 치중한 이유는 그 때문일 것이다. 도시민에게 저렴하게 공급해야 소요가 일어나지 않고 사회가 안정되니 말이다. 과거에 비해 생활수준이 많이 올랐다고 하지만 그 내면을 들여다보면 꼭 그렇지도 않다. 하루가 다르게 물가와 부동산 가격은 오르는데 월급은 제자리이다. 더구나 외환위기 사태 이후로는 비정규직이라든지 시간제 일자리 등이 늘어나면서 일자리의 질은 더욱 악화되었다. 정규직으로 자리를 잡는 일이 얼마나 어려운 일인지 청년들 대다수는 안정적인 공무원이나 월급이 많은 대기업을 선호하며 그를 위해 값비싼 시간을 투자하고 있다. 2016년 최저임금은 6천 원선이고, 임금노동자의 절반이 한달에 200만 원도 벌지 못한다. 외벌이로는 도저히 3~4인가구의 생활을 유지할 수 없으니 여성들이 자꾸 취업전선으로 내몰리지만, 여성을 위한 일자리들의 질은 터무니없을 정도로 형편없다. 괜찮은 일자리를 가진 여성들은 어떠한 수를 써서라도 그 자리를 지키기 위해 노력해야 하는 형편이다. 맞벌이로 돈은 벌 만큼 벌지만 나가는 돈이 많으니 생활은 갈수록 쫓기고 궁핍해지는 이상한 일이 벌어지고 있다. 어떤 연구에 의하면 여성이 자신의 경력을 포기하는 기준이 월급 200만 원이라고 한다. 그 이상을 벌면 일자리를 지키고, 그렇지 않으면 그냥 살림 전선으로 뛰어들었다가 아이가 어느 정도 크면 다시 사회로 나간다는 것이다. 그렇다고 남성이 자신의 일자리를 포기하는 일은 없다. 여전히 남성 중심의 사회분위기 때문이다. 그러면 어떻게 해야 된단 말인가? 사람들이 안정적으로 자신들의 생활을 꾸려 갈 수 있어야 한다. 그러기 위해서는 파업을 하든 어떻게 해서라도 월급을 팍팍 올려야 한다. OECD 국가 중 최장이라는 노동시간을 확 줄여야 한다. 일과 가정이 양립할 수 있도록 여성은 말할 것도 없고 남성에게도 육아휴직 같은 다양한 제도의 혜택을 주어야 한다. 그렇지 않고는 저성장, 저출산, 고령화 사회라는 늪을 빠져나가지 못할 것 같다. 그렇게 해서 사람들이 여유가 생기고, 가정에 충실해지고, 저녁이 있는 삶을 살게 되면 하지 말라고 해도 다른 곳에 눈을 돌리게 될 것이다.

　　방송에서 날마다 접하는 맛집들, 색다른 요리들은 직접 그를 향유하지 못하기에 대리만족을 위해 판을 치는 것일 수도 있다. 일본이 장기불황에 빠지면서 늘어난 것이 그러한 종류의 방송이었다는 이야기는 우리에게도 시사하는 바가 크다. 사람들에게 여유가 생기면 집에서 요리를 하거나 외식을 하더라도 토종 씨앗을 만날 기회가 빈번해질 테고, 이를 통해 토종 씨앗도 든든한 지원군을 얻을 수 있을 것이다. 토종 씨앗을 재배하거나 재배하려는 농민에게도 이로운 일임은 두말할 필요도 없다. 토종 씨앗의 소멸은 질보다 양, 가치보다 가격을 강조하는 사회분위기로 인한 것은 아닐까 생각한다.

내 눈에는 진주보다 예쁜 토종 메주콩. 일반적으로 토종 메주콩은 신품종에 비해 알은 굵은데 꼬투리가 적게 달려 수확량이 적은 편이다. 자본주의 사회에서 양 많고 저렴한 걸 택하느냐, 양이 적고 비싼 걸 택하느냐 하는 문제는 쉽지 않다. 토종 씨앗이 보전되려면 수요가 뒷받침되어야 하고, 그 수요는 안정된 생활에서 나온다.

메주콩을 잘 씻어 물에 불리고 가마솥 등에 삶아 찧는다. 찌덕찌덕 얼마나 찰지게 달라붙는지 웬만한 남성의 힘으로도 힘든 일이다.

메주를 잘 빚어 바람이 잘 통하는 곳에서 띄운다. 좋은 균들이 메주콩의 단백질을 먹고 그 성분을 변화시키는 것이 관건이다.

한 집에 이렇게 많은 장류가 용도에 따라 구비되어 있다. 6~7가지의 장류가 보관되어 있는 우리 집 냉장고가 무색해진다.

대안 먹을거리 운동에 유용한 토종 씨앗

　로컬푸드라는 단어를 못 들어본 사람은 없을 것이다. 하도 방송에서 떠들어대니 듣기 싫어도 들리는 단어가 되었다. 로컬푸드는 생산자와 소비자 사이의 운송거리를 단축시켜 중간 유통상을 거치지 않으므로 생산자도 제값을 받고, 소비자도 상대적으로 싼 가격에 신선한 먹을거리를 먹으며, 화석에너지의 소비도 줄여 지구 환경에도 도움이 되도록 하자는 취지에서 시작된 대안 먹을거리 운동이다. 그러니까 쉽게 말하면 지역에서 생산된 농산물을 지역에서 소비하자는 취지의 운동이다. 이 운동이 활발한 미국은 땅이 워낙 넓다 보니까 자국에서 생산된 것도 그 이동거리가 엄청나게 길다. 뉴욕의 그린마켓 같은 경우에는 뉴욕시의 반경 320km 내에서 생산된 것만 내다팔 수 있다고 하니 말이다. 반경 320km의 거리면 행정수도인 세종시를 기준으로 서울과 부산까지 모두 포함되는 거리이니 한국은 국내에서 생산되는 모든 농산물이 뉴욕시의 로컬푸드에 해당되는 셈이다.

　그건 그쪽 사정이고 한국에서도 각지에서 로컬푸드 운동이 퍼지면서 매장들이 우후죽순처럼 생기고 있다. 한국이 유행에 민감하여 그런지 로컬푸드 매장이 없는 곳이 없다. 심지어 각 지역단위 농협의 하나로마트에도 로컬푸드 매장이 마련되어 있을 정도이다. 그런 모습을 보면 김수한무거북이와두루미처럼 좋다고 하는 이름을 막 가져다 붙인 건 아닌지 쓴웃음을 짓게 하기도 한다. 내가 살고 있는 지역의 인근에는 모범사례로 꼽혀 전국 각지에서 노하우를 배우러 오는 로컬푸드 매장이 있다. 이쪽으로 이주한 뒤 나도 여러 차례 방문하여 이용하고 있는데, 늘 한 가지 아쉬운 점이 있다. 물론 장점은 많다. 대형마트와 비교하여 저렴하게 질 좋은 농산물을 신선하게 얻을 수 있다. 이건 무엇과도 비교할 수 없는 최고의 장점이다. 하지만 여전히 품목에서는 다양성과 이 지역만의 무엇을 찾아보기 힘들어 늘 아쉽게 느껴지는 대목이다.

로컬푸드에 접목하면 참 좋겠다고 생각하는 것이 토종 씨앗이다. 물론 씨앗 자체를 팔자는 것이 아니라 정확히는 토종 씨앗으로 재배한 농산물과 그 가공품이다. 토종 씨앗을 수집하러 다니면서 만난 청참외가 좋은 사례가 될 수도 있을 것 같다. 이 참외를 재배하는 분은 의외로 할아버지셨다. 하우스에 참외가 자라고 있는데 이게 아무리 봐도 노란 모습은 하나도 찾아볼 수가 없어서 수소문하여 주인을 찾았다. 이건 익어도 노랗게 변하지 않는 청참외라고 한다. 늘 참외라 하면 노란 것만 보아서 참외는 곧 노란색이란 고정관념이 박혀 있었는데 그것이 단박에 깨졌다. 고정관념은 성급한 일반화의 오류를 일으키는 무서운 것이다. 농사를 짓고 토종 씨앗을 만나면서 그런 것이 많이 깨졌지만 이상하게 나이가 들수록 고정관념이 많아지는 것 같아 걱정이다. 아무튼 이 참외를 재배하게 된 연유는 이러했다. 할아버지 본인이 이가 너무 안 좋으셔서 단단한 걸 먹을 수가 없는데 이 참외는 살이 말캉말캉해서 본인이 오물오물 먹기에 너무 좋아 계속 재배한다는

익어도 노랗게 변하지 않는 청참외.   너무 다디달아 한 입 베어 물면 그 달달함에 침샘이 폭발하여 양 볼이 아플 정도이다.

것이다. 더구나 당도가 어마어마하게 높아 손주들도 올 때마다 즐겨 먹기에 더 신경 써서 재배한단다.

  토종 참외가 자리를 잃고 신품종 참외가 그를 대신하게 된 데에는 수확량과 저장성에 있다. 그 두 가지 특성에 초점을 맞추어 새로 육종된 신품종들이 나오니 농민들 입장에서는 반기지 않을 수 없다. 농사를 지어 먹고살기 위해서는 시장에 내놓아야 한다. 예전에는 마을과 인근 마을의 범위에서 장이 서고 모두들 농사지으며 살았기에 수확량이나 저장성이 그리 중요한 요소가 아니었을 것이다. 그런데 이제는 장다운 장이 저 멀리 수도권에 서는 데다가 그 장터에 찾아오는 손님이 자그만치 2500만 명이나 된다. 답은 나와 있다. 그들을 상대로 하려면 신품종의 특성이 최선이다. 요즘은 여기에 당도(브릭스)가 추가되었다. 이것으로 사람들이 맛있는지 아닌지를 판단한다. 수확량과 저장성에 당도까지 갖춘 신품종 참외들이 요즘 주류를 이루고 있다. 이는 참외만의 일이 아니라 다른 과일들 대부분이 그러하다. 그런데 청참외는 당도는 내가 먹어본 참외 중 최고이니 걱정이 없는데, 가장 중요한 수확량과 저장성이 떨어진다. 할아버지에게는 안성맞춤인 물렁물렁한 참외의 살이 장시간, 장거리 유통에는 적합하지가 않은 것이다. 그렇지만 이 참외를 로컬푸드로 판매할 수 있다면 이야기가 달라진다. 유통에 필요한 시간과 거리가 줄어드니 걱정할 필요가 없다. 꾸준히 수요만 뒷받침된다면 문제가 될 것이 아무것도 없다. 그런데 지역의 로컬푸드는 꾸준한 수요가 가장 골치 아프다. 모든 것이 수도권 중심이다 보니 수도권을 확보하지 않고는 안정적이지 않다. 오죽하면 정치권도 점점 누가 수도권을 더 많이 차지하느냐를 두고 티격태격하지 않는가. 지역은 갈수록 인구가 줄면서 상대적으로 중요도가 계속 떨어지고 있다. 그래서 지역간 불균형 문제를 해결하지 않고는 로컬푸드가 제대로 자리를 잡기 힘들 것 같다. 로컬푸드가 활성화되어도 여전히 서울, 여전히 수도권이 될 가능성이 높기 때문이다.

요즘 여러 청년들이 새로운 방식의 농산물 유통을 시도하고 있다. 농사펀드, 둘러앉은밥상, 쌈지농부, 정미구독, 공씨아저씨네, 산들야채를 비롯하여 마르쉐 같은 직거래 장터도 여러 곳에 생기고, 감물흙사랑공동체와 언니네텃밭 같은 곳에서는 꾸러미 사업을 활발하게 벌이고 있다. 저마다 성격도 다르고 주체도 다르지만 목표로 하는 바는 비슷하다. 기존의 농산물 유통방식이 아니라 새로운 방식으로 농민과 소비자가 상생할 수 있는 길을 찾는다는 점이다. 이들이 최근 공통적으로 주목하고 있는 것이 바로 토종 씨앗이다. 토종 씨앗으로 농사지은 농민의 농산물은 기존 유통망에서는 제 값을 쳐주지 않기가 일쑤이다. 양도 적고, 크기나 생김새도 기존의 농산물 유통구조의 기준에서는 이를 받아들이기 어렵기 때문이다. 그래서 울며 겨

요즘 뜨거운 인기의 구억배추. 2008년 제주 구억리에서 수집한 이 배추는 토종 배추답지 않게 속이 꽤 차고 맛이 있어 날로 인기가 높아지고 있다.

자 먹기로 헐값에 팔아넘겨야 하는 일이 비일비재했다. 그에 실망한 농민들은 블로그나 인터넷 카페, SNS 등을 이용해 고군분투하며 안정적인 판로를 확보할 수밖에 없었다. 그런데 이렇게 새로운 농산물 유통방식을 통해 혼자 맨땅에 헤딩하기보다는 상대적으로 안정적인 판로를 확보할 수 있게 된 것이다. 그런데 아직 한계가 있긴 하다. 여기서 팔리는 토종 농산물이 저기서도 팔리는, 즉 기존의 농산물만 보던 사람에게는 특이하고 특별할지 모르지만 이쪽에 관심 있는 사람이 보기에는 그 나물에 그 밥 같은 면이 없지 않다. 물론 그건 그 운동들이 아니라 근본적으로는 토종 씨앗의 한계에서 오는 문제점이다. 현재 남아 있는 토종 씨앗이 다양하지 않기 때문이다. 특히나 어느 정도 상품으로 가치가 있을 만한 토종 씨앗은 더더욱 별로 없기 때문이다. 그리고 소비자는 집에서 두 번 세 번 손이 더 가야 하는 농산물 자체가 아니라 보다 손쉽게 먹을 수 있는 가공된 형태의 식품을 원하는 경우가 많다. 아직까지 넘어야 할 산이 많지만 새로운 시도들이 일으키고 있는 바람이 토종 씨앗을 더 멀리 날아오르게 만들 수 있는 가능성은 무한히 열려 있는 상태이다.

대안 먹을거리 운동과 함께 토종 씨앗이 더 널리 안정적으로 재배되기 위해서는 더욱 다양한 토종을 발굴하고 개발해야 할 필요가 있다. 귤이 회수를 건너면 탱자가 된다는 옛이야기가 있다. 그만큼 재배환경이 중요하다는 뜻이다. 사실 구억배추가 제대로 자리를 잡으려면 처음 발견된 제주 안에서만 돌았어야 할지도 모른다. 경기도에서는 경기도의 토종 씨앗을 찾아 개발하고, 강원도에서는 강원도의, 전라도와 경상도에서는 각각의 지역에서 농민들이 지켜온 토종 씨앗을 찾아 자리를 잡게 하는 일이 더 바람직할 것이다. 하지만 그러기에는 토종 씨앗의 가짓수가, 특히 사람들의 입맛을 사로잡을 만큼 가치가 있는 토종 씨앗을 찾아보기가 힘들다는 것이 문제이다. 그래서 자연스럽게 인기가 있는 토종 씨앗으로만 사람들의 관심이 쏠리고 있는 현실이다. 토종 씨앗의 보전이란 측면에서 어떤 것이 인기를 얻을수록 앞으로도 이어질 가능성이 높아지니 반가운 일이지만, 앞으로 길게 보면 걱정이 되는 일이기도 하다.

그런 맥락에서, 슬로푸드 운동에서 지정하는 '맛의 방주'는 살펴볼 만하다. 1986년 이탈리아의 음식운동가 카를로 페트리니가 시작한 슬로푸드 운동은 현재 180여 개 나라에서 10만 명 이상의 회원이 참여하고 있다. 슬로푸드 운동의 초기에는 건강하고 맛있는 음식의 즐거움과 패스트푸드와 대별되는 느린 삶을 지향하고 그것을 지키는 데 초점이 맞추어져 있었는데, 이후 발전을 거듭하며 인간 삶의 질과 지구의 환경문제까지 고민하게 되었다. 슬로푸드는 전통적이며 지속가능한 먹을거리를 지키고자 그를 위한 농법과 토종 동식물의 생물다양성 및 그 가공법을 보호하는 일에까지 영향을 미치고 있다. 이를 위해 따로 슬로푸드 재단을 만들어 세계 각지에

곡성에서 발견한 자주감자. 곡성군의 농업 관계자가 토종 씨앗에 관심을 갖는다면, 이를 곡성만의 특산물로 만들 수도 있지 않을까?

강화군에서 발견한 토종 분홍감자. 재배하는 할머니에 의하면, 분홍감자는 쪄놓으면 분이 허옇게 일어나 파슬파슬 부숴진다고 한다. 현재 한국에서 생산되는 감자의 80%는 수미감자인데, 이것이 전국을 제패한 데에는 수확량과 함께 뛰어난 저장성이 한몫을 했다. 그런데 수미감자는 가공용으로서, 쪄 먹는 데에 적합한 품종은 아니다. 찐감자로는 토종 감자 아니면, 남작이나 두백을 추천한다.

울릉도에서 만난 분홍감자. 움에 저장해놓은 씨감자를 꺼내주시고 있다.

교동도에서 분홍감자를 재배하는 할머니. 내륙의 어느 곳에서도 보지 못한 분홍감자가 한국의 동쪽 끝 울릉도와 서쪽 끝 교동도에서 재배되고 있었다. 마치 변방으로 유배당한 모습 같기도 하다.

토종 아욱. 맛이 일품이나 수확량에서 신품종을 따를 수 없다. 자투리 땅 아무데나 뿌려놓으면 신경을 쓰지 않아도 자라고 또 씨가 떨어져 자라고 한다. 사진에서 보이는 것처럼 시중에 판매하는 개량종 아욱과는 생김새가 확연하게 다르다.

여주의 토종 붉은아욱. 하도 신기해서 잎을 얻어다가 집에서 아욱국을 끓여서 먹어보았다. 아욱국을 좋아하는데 맛이 정말 좋아 밥을 세 그릇이나 뚝딱 해치웠다. 기존 유통시장에서 양으로 승부할 수는 없어도 맛을 앞세워 새로운 유통방식을 활용하면 충분히 상품성을 가질 수 있을 것 같다.

붉은아욱은 꽃도 보랏빛으로 아름답다.

괴산의 토종 열무. 산속 노부부가 농사짓는 농가에서 발견했다. 열무 자체로는 경쟁력이 부족하다면 토종 열무김치는 어떨까?

서 산업형 농업으로 위기에 처한 토종 동식물을 보호하려는 노력을 기울이고 있으며, 그 일환이 바로 맛의 방주이다.

  맛의 방주에 선정되려면 1997년에 구성된 방주의 과학위원회(The Scientiffic Commission of the Ark)에서 정한 까다로운 기준을 충족시켜야 한다. 첫째, 맛이 좋아야 한다. 둘째, 그 제품이 특정 집단의 기억 및 정체성과 연결된 것이어야 하며 특정 지역에서 오랜 세월 동안 존재한 다양한 종의 채소, 환경친화적인 가축이어야 한다. 셋째, 식품의 원료가 특정 지역에서 생산된 재료이거나 그 지역에서 조달된 것이어야 한다. 넷째, 제품생산에 이용된 보조재료(양념, 조미료 등)는 다른 지역에서 생산된 것일 수 있으나 전통방식으로 생산된 것이어야 한다. 다섯째, 그 생산물이 그 지역의 환경·사회·경제·역사적으로 연결되어 있어야 한다. 여섯째, 그 생산물이 농민이나 소규모 가공업체에 의해 제한된 양으로 생산되어야 한다. 일곱째, 그 생산물이 현재 또는 미래에 소멸위기에 처해 있어야 한다.[75] 이러한 기준에 따라 심사하여 현재 한국에서는 모두 55개 품목[76]이 맛의 방주에 등록되어 있는데, 토종 씨앗과 관련한 6~7가지가 눈에 띈다. 앞으로 여러 지역에서 더욱 다양한 토종 씨앗과 그를 둘러싼 음식문화가 발굴되어 맛의 방주에 오르는 품목이 많아지길 바란다.

밭에서 자라고 있는 토종 열무의 모습.

---

75   국제슬로푸드 한국협회에서 정리.

76   경북의 누룩발효곡물식초, 경남의 앉은뱅이밀과 김해 장군차, 하동 잭살차, 충북의 미선나무, 충남의 연산 오계, 어간장, 자염, 올문이, 어육장, 삭힌김치, 집장, 작주부본 곡자발효식초, 떡고추장, 전북의 칠게젓갈, 파라시, 황녹두, 먹시 감식초, 마름묵, 청실배, 전남의 담양 토종 배추, 보림백모차, 돈차, 감태지, 지주식 김, 낭장망 멸치, 토하, 제비쑥떡, 울릉도의 칡소, 홍감자, 손감치, 옥수수엿청주, 섬말나리, 긴잎돌김, 두메부추, 경기의 감홍로, 현인닭, 밀랍떡, 게걸무, 토종 동아, 먹골황실배, 준치김치, 수수옴팡떡, 제주의 다금바리, 댕유지, 흑우, 푸른콩장, 오분자기, 꿀감주, 산물, 쉰다리, 흑돼지, 토종 감, 꿩엿, 강술. 생물다양성을 위한 슬로푸드 재단 홈페이지(http://www.fondazioneslowfood.com/en/) 참조.

농업생물다양성의 첫걸음도
토종 씨앗에서

계속해서 이야기한 것처럼 우리의 농업은 토종 씨앗의 다양성을 상실해왔고, 지금 이 순간에도 계속 진행되고 있다. 이로 인해 토종 씨앗만 사라지는 것이 아니다. 그와 관련된 지역의 지식과 문화도 사라지고, 그와 함께 살아가던 여러 동식물도 사라지고 있다. 한마디로 다양성의 대량상실이라 표현할 수 있다. 한국에서 사라진 작물의 품종만 해도 부지기수이다. 1910년대 1,451가지나 나타나던 벼의 품종명은 이제 많아야 40~50가지 정도만 볼 수 있다. 지역별로 독특했던 무, 배추 같은 채소와 그걸 활용한 음식문화는 또 어떠한가. 집집마다, 마을마다 색달랐던 농업경관은 이제 어디를 가나 비슷비슷한 풍경으로 바뀌었다. 하다못해 식당의 메뉴와 음식의 맛까지도 그러하다.

'농업생물다양성(Agrobiodiversity)'은 이제는 많이 알려진 생물다양성의 하위개념으로서, 농민들이 오랜 시간에 걸쳐 농사짓는 과정에서 만들어진 것이기에 농민의 전통적, 생태적 지식에 기반을 둔 적절한 개입과 간

섭이 필수적이다. 이에 대하여 식량농업기구에서는 다음과 같이 정의한다. "작물, 가축, 숲과 물고기를 포함하여 먹을거리와 농업에 직간접적으로 활용하는 동식물과 미생물의 다양성과 가변성이다. 그것은 음식, 직물, 사료, 연료, 약을 위해 이용하는 작물과 가축의 유전자원과 종의 다양성으로 구성되며, 또한 그 생산을 지원하는 야생의 종(토양미생물, 천적, 수분매개자)의 다양성과 농업생태계만이 아니라 그를 지원하는 주변의 환경(풀밭, 숲, 하천 등)을 포함한다."[77]

이러한 농업생물다양성은 다수확과 상품성을 위한 몇 가지 신품종들에만 치중한 결과 지난 100년 동안 심각하게 감소되었다. 그 주요한 이유는 역시나 다수확에 초점을 맞추고 있는 녹색혁명, 즉 산업화된 농업의 영향을 꼽을 수 있다. 더 넓은 농지에서 더 적은 수의 작물을 집중적으로 생산하는 농업 방식이 농지와 그 주변 환경의 다양한 구성원들을 내쫓고 극소수만 남아 있도록 허락했다. 주로 집에서 먹고 남은 일부를 시장에 내다 파는 생활양식에 따라 재배하던 다양한 작물과 그 품종들이 시장에서 인정받는 소수의 작물들로 바뀌었고, 그 작물들의 종류 또한 몇 가지 획일화된 품종들로 채워지게 되었다. 그런가 하면 농경지 여기저기에서 살아가던 풀들은 농사에 방해가 된다며 제초제로 죽임을 당하고, 그로 인해 풀과 함께 살던 여러 곤충과 미생물들이 쫓겨나게 되었다. 그뿐만이 아니라 농업기계화와 생산성 향상을 위한 농지정리와 농수로의 현대화 사업 등으로 농지 주변의 환경도 다양한 생물들이 살기에는 적합하지 않은 공간으로 탈바꿈되었다. 농업생태계는 자연환경의 도움과 지원을 받기는커녕 점점 자

---

[77] Michel Pimbert et al., Agricultural Biodiversity, Multifunctional Character of Agriculture and Land Conference-Background Paper 1, FAO, 1999.

연환경과 격리된 채 일종의 공장처럼 바뀌어 운영되는 추세이다. 불에 기름을 붓는 격으로, 농산물과 식품의 무역이 세계화됨에 따라 그러한 현상은 더욱 가속화되고 있다. 또한 사회제도적으로는 씨앗을 비롯하여 살아 있는 생물에 대한 지적재산권 또는 품종보호법 등이 강화되면서 소수의 품종들만 재배되도록 유도하고 있다. 현재 한국의 농업정책이 나아가려 하는, 이른바 경쟁력 있는 수출농업은 이와 잘 부합한다. 이런 환경과 사회적 여건 속에서 토종 씨앗이 설 자리는 남아 있을까?

길이 없지는 않을 것이다. 먼저 농민과 소비자들의 의식과 선호 및 생활조건에 변화가 일어날 수 있다면, 토종 씨앗을 보전하는 농민의 소규모이지만 다양한 먹을거리 생산을 사회적으로 지원한다면, 씨앗을 포함한 외부의 농자재와 대형 농기계에만 의존하는 생산방식이 아니라 가축을 통합하여 생태계의 원리를 충분히 활용하는 농업 생산방식이 확산된다면, 한국의 농업 경관에서 여러 가지 토종 씨앗이 뿌리를 내리고 농민과 함께 살아가는 모습을 볼 수도 있을 것이다. 이를 통해 양적인 측면에만 치우친 생산성과 경제적 소득을 개선하고 향상시킬 수 있고,[78] 인간의 산업형 농업에 의

78 최근 토종 작물을 이용해 농가소득을 올리고 있는 여러 사례들이 보고되고 있다. 원주의 신림농협과 괴산잡곡이 좋은 예이고, 영양군은 지역의 토종 고추인 수비초와 칠성초를 기반으로 한 토종 고추 연구와 육종 사업에 힘을 쏟고 있다. 앞서 언급한 제주의 단지무와 삼다찰도 하나의 사례일 것이다.

79 정옥식, 「농업과 생태계의 지속적인 공생을 위하여」, 『충남리포트』, 제72호에서는 농업 생물다양성이 감소하는 주된 요인으로 화학농자재의 오남용과 농작물의 획일화를 들고 있다. 이를 해결하기 위해 화학농약 대신 박쥐나 거미 등을 이용해 해충을 억제하거나 생물농약의 사용을 늘리고, 화학비료에 대한 의존을 줄이기 위해서는 돌려짓기와 녹비작물의 재배를 권장한다. 또한 잡곡 농사가 사라지고 단순화된 곡물 생산으로 촉새와 꼬까참새 등의 개체수도 감소하는 사실을 확인했는데, 이를 위해서는 더 다양한 작물을 재배할 수 있도록 경관보전직불제나 밭작물재배 보조금, 대체작물재배 보조금 등을 지급하는 방안을 제시한다.

해 침식되고 위협받고 있는 자연환경과 멸종위기종을 보호할 수 있으며,[79] 더욱 안정적이고 지속가능한 농업을 가능하게 할 것이다. 이와 함께 해로운 농약에만 의존한 병해충 방제도 변화를 가져올 수 있고,[80] 농사의 기반인 토양을 보존하고 토양비옥도를 높여 결과적으로 외부투입재에 대한 의존도를 낮추고 농업의 지속가능성을 강화하는 데 기여할 것이다.[81] 농산물의 다양화로 새로운 소득원을 창출하여 농민의 생계에 도움을 줄 수 있는 것은 더 말할 필요가 없다. 그리고 그것을 먹는 소비자들에게 다양한 맛과 영양을 공급하는 것도 중요한 효과이다.

---

[80] 미시간 주립대학의 연구팀이 53종의 곤충을 대상으로 식물과의 상호작용을 연구한 결과, 일반적으로 식물의 질이 떨어져 영양분이 적으면 곤충이 덜 번성한다고 생각하는 것과 달리 식물의 다양성이 곤충의 번성을 억제한다는 사실을 발견했다. 곤충들이 번성하려면 필요한 영양분의 범위가 그리 넓지 않은데 1~2가지 작물로 대규모 단작을 행할 경우 그들이 번성할 수 있는 좋은 여건이 마련된다. 그러나 농지에 작물을 포함하여 여러 식물이 다양하게 자라 영양분의 범위가 너무 풍부하거나 빈약하면 곤충들이 덜 번성한다는 것이다. 다양한 식물에 둘러싸인 곤충들은 영양분이 많은 고품질 식물보다 영양분이 적은 저품질 식물에 훨씬 더 많은 타격을 받는다며, 작물다양성을 살려 여러 가지 작물을 섞어짓기하거나 서로 다른 유전자형을 지닌 품종을 재배하는 방법을 권한다. William C. Wetzel et al., "Variability in plant nutrients reduces insect herbivore performance", *Nature*, Vol.539, 2016, pp.425–427.

[81] 박쥐는 많은 곤충을 잡아먹음으로써 농업에 이로운 효과를 가져오는 것으로 알려져 있다. 미국에서는 이러한 박쥐들이 사라짐으로써 농업 부문에서 1년에 37억 달러 이상의 손실을 본다고 추산한 바 있다. Justin G. Boyles et al., "Economic Importance of Bats in Agriculture", *Science*, Vol.332, 2011, pp.41-42.

토종 씨앗이
만능은 아니다

 지금까지 서술한 바와 같이 토종 씨앗에는 여러 장점과 필요성이 존재한다. 하지만 토종 씨앗과 관련해 사람들이 흔히 갖는 오해 가운데 하나는 토종 씨앗이면 모든 문제가 해결될 것이라고 믿는다는 점이다. 토종 씨앗은 만능이 아니다. 토종 씨앗으로 농업에서 일어나고 있는 모든 잘못과 문제가 해결될 것이라고 믿는 것은 유전자변형 작물로 현재의 농업이 직면하고 있는 식량 증산과 기후변화 대응 등과 같은 모든 문제를 해결할 수 있다고 믿는 것만큼 위험하다. 토종 씨앗은 현재의 문제들에 대처할 수 있는 하나의 도구일 뿐 만병통치약은 아니다. 특히 토종 씨앗은 어떤 병충해나 가혹한 환경에서도 농사가 잘될 것이라 여기곤 하는 믿음이 있다. 하지만 실제로는 그렇지 않다. 토종 씨앗도 병에 걸리고 해충에게 피해를 입으며, 가뭄이나 홍수에 취약한 모습을 보이기도 한다. 그렇다면 왜 여태까지 토종 씨앗에 그토록 열을 올리며 이야기했는지 의문이 들 법하다.
 우리가 주목할 것은 토종 씨앗의 '수평저항성'이 아닐까 한다. 토종

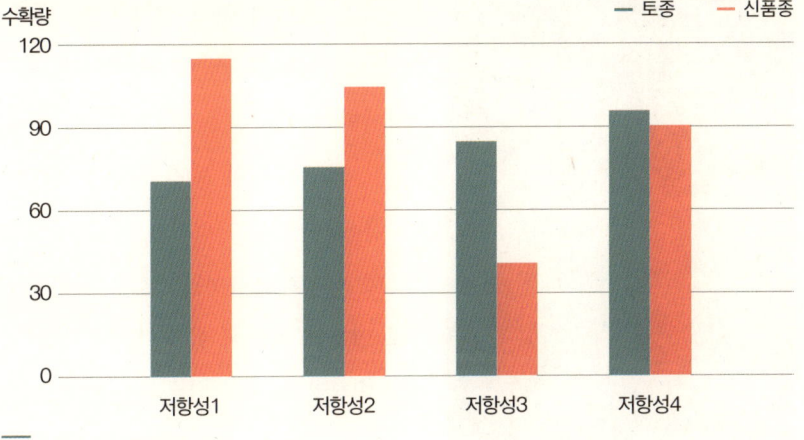

토종과 신품종의 수평저항성과 수직저항성

씨앗은 그것이 재배되는 특정 지역의 기후와 풍토 및 병해충 등에 오랜 시간 적응하며 살아왔기에 그로 인해 피해를 입긴 하지만 일정 정도 꾸준하게 안정적으로 수확을 올릴 수 있는 특성이 있다. 이를 수평저항성이라고 한다. 이에 반하여 새로 육종이 된 신품종들은 그것이 개발될 때 목적으로 하는 특정한 병해충이나 조건에 특별히 강하도록 설계가 된다. 그래서 의도하지 않았던 상황, 즉 예상하지 못한 환경압박이나 병해충이 찾아왔을 때 견디지 못하고 농사가 폭삭 망해버릴 수 있는 위험도 존재한다. 이를 수직저항성이라 하는데 신품종들이 갖는 특성이라 할 수 있다.

이를 거칠게 표현하자면 위의 도표와 같다. 저항성이란 어떠한 병해충이나 상황에 견딜 수 있는 능력을 뜻한다. 그러니까 가로축은 1이란 병해충, 2란 병해충, 3이란 환경조건 등에 대해 견디는 능력이다. 세로축은 그러한 조건이 주어졌을 때 거둘 수 있는 수확량이다. 이를 보면 토종은 어떤 상황에서도 수확량이 많지는 않지만 꾸준히 안정적인 수확을 올릴 수 있다는 점이 눈에 띈다. 반면 신품종은 특정한 상황에서는 최대의 수확량을 올

'이육사'라는 토종 고추를 재배하는 농민. 처음 이름을 듣고는 시인과 관계가 있는 것인가 했다. 알고 보니 농촌진흥청에서 1954년 수집한 토종 고추를 계통분리한 뒤 1968년 '새고추'란 새로운 이름으로 보급한 것이라 한다. 계통분리할 때 26400이란 번호를 붙였는데, 이것이 농가에 퍼지면서 이육사공 또는 이육사라 불리게 되었단다. 이를 재배하는 농민에게 병충해에 특별히 더 강한지 물으니 그렇지는 않으며, 본인은 이 고추가 품질이 좋아서 어렵지만 계속 유지한다고 답했다.

리지만, 예상치 못한 상황에서는 오히려 토종보다 수확량이 못 미치는 일도 발생할 수 있다.

왜 과거의 농민들은 수확량이 많은 작물보다 안정적인 작물은 선호하며 이용해왔을까? 그것은 사회구조와 밀접한 연관이 있을 것이다. 과거에는 일부를 제외하고는 주로 집에서 먹을 용도로 농사가 이루어진 경향이 크다. 그러니 수확을 최대로 올리기보다는 꾸준하게 생산할 수 있는 것이 중요했다. 농사가 망하면 그것은 곧 죽음이란 비극적인 상황으로 이어질 수밖에 없던 시절이었다. 어디 가서 품을 팔아 충분한 양의 농산물을 살 수도 없고, 또 마땅히 일할 만한 일자리도 없었기 때문이다. 하지만 현대의 산업사회는 모든 것이 달라졌다. 충분한 농산물을 생산하지 못해도 일자리를 구해 월급을 받을 수만 있다면 배고픔 같은 것은 해결할 수 있는 상황이다. 이러한 조건에서는 생산비를 최소로 하면서 수확량을 늘리는 일이 중요하겠다. 그러한 조건에서 토종 씨앗은 별로 달갑지 않은 존재일 것이다. 생산비는 똑같이 들면서 수확에서는 오히려 신품종에 뒤지니 농업으로 생계를 유지해야 하는 사람 입장에서는 특별한 이유가 없으면 애써 유지할 필요가 없다. 더구나 시장에서 토종 씨앗으로 재배한 것이라고 부가가치를 더 높여주는

말린 이육사 고추. 영양군의 토종 고추들처럼 크고 두툼한 것이 특징이다.

것도 아니고, 사회적으로도 그러한 농산물의 가치를 인정해주지도 않았으니 말이다. 요즘에서야 토종 씨앗에 대한 의식도 변하고 관심이 높아지면서 서서히 그 존재가치를 인정하고 조금 더 비싼 가격이라도 감수하려는 사람들이 생겼다.

  토종 씨앗도 사실 인간의 목적에 의해 선발되고 계속하여 육종되어온 것들이다. 토종 씨앗에 '원형의' '순수한' 무엇이란 의미를 부여하기보다는 우리의 현실에 맞춰 유연한 자세로 접근해야 하지 않을까? 토종이면 어떻고, 또 아니면 어떤가. 그보다는 살아 있는 씨앗에 대한 권리를 독점하여 이윤을 만드는 데에만 집중하는 흐름에 맞서 토종 씨앗을 재배하는 사람들이 그들의 삶과 문화를 지키며 살아가려는 데 의미가 있는 것이다. 어떤 씨앗을 재배하여 농산물을 생산하든지 그렇게 살고자 하는 사람들을 지지하고 뒷받침해주는 것이 우선일 것이다.

기후변화 대응이나 신품종 육성도
토종 씨앗에서부터

아무리 육종기술이 발달하여 유전자를 변형할 수 있는 세상이 되었어도, 상품성 있는 작물을 새로 개발하거나 날로 심해지는 기후변화에 대응할 수 있는 작물을 육성하는 일도 기본 바탕에는 다양한 유전자원이 있어야 한다. 그래서 세계의 여러 나라들이 유전자원, 토종 씨앗을 확보하는 데 열을 올리고 있는 것이다. 한국 농촌진흥청의 유전자원센터에 있는 종자은행도 그러한 취지에서 설립되었다.

선진국이라는 나라들은 이미 1800년대 말부터 세계 각지를 다니면서 그러한 자원을 수집하는 데 열을 올렸다. 1901년부터 1976년 사이, 미국이 한국에서 5,496가지의 콩 품종을 수집해 갔다는 사실은 잘 알려져 있다. 그것이 어디 미국뿐인가? 과거 옛 소련의 바빌로프도 이미 한국을 다녀가며 유전자원을 수집해 갔고, 일본은 조선을 식민지로 만들면서 마음껏 조선의 유전자원을 본국으로 가져갔다. 뒤늦게 국제사회는 1992년 생물다양성 협약을 채택해 생물유전자원을 이용하면서 발생하는 이익을 공유하자는 취지에 동의했는데, 그 구체적 조항이 마련된 것은 2010년 나고야에서 결정된 '유전자원 접근 및 이익 공유에 관한 나고야 의정서'에서였다. 이를 통해 씨앗을 포함한 유전자원의 국제적 거래가 있을 때 해당 생물자원에 대한 권리를 가진 국가에게 공정한 보상을 함으로써 자원을 제공한 국가와 이용하는 국가에게 모두 이익을 창출한다는 내용이다. 즉, 그 전까지는 타국의 유전자원을 공짜로 마구 이용해도 괜찮았다는 뜻이기도 하다. 이 정도만 해도 큰 진전이 있었다고 평가를 받지만, 아직도 일부 핵심사안들에 대해서는 논란이 많은 상황이다. 특히 주로 유전자원을 이용하는 선진국들은 이 협약이 강제규약이 아니라 자발적인 형태라 이해하는 한편, 일방적으로 수탈당하다시피 한 제3세계 국가들은 이 협약이 구속적이며 로열티와 자금 지원, 지적재산권에 대한 공유 등 보다 확실한 금전적 이익을 공유해야 한다고 주장하고 있다.

우리에게 직접적으로 알기 쉽게 다가오는 말은 '종자에 대한 로열티' 문제일 것이다. 최근 파프리카 종자가 금값보다 비싸다느니, 딸기 품종의 대부분이 일본산이어서 국내산 품종으로 대체하지 않으면 엄청난 손실이 발생한다느니 하는 등등의 이야기는 이미 언론을 통해 귀에 못이 박히게 들어서 잘 알고 있으리라 생각한다. 유전자원에 대한 국제협약이 앞으로 더욱더 자세하고 구체적으로 논의될수록 유전자원이 빈약한 국가는 경제적 부담이 늘어날 수밖에 없는 상황이다. 그와 함께 토종 씨앗에 대한 관심과 중요성도 더 높아질 전망이다. 너무 늦었지만 이런 일을 통해서라도 지역마다 자신들의 토종 씨앗을 소중히 여길 수 있는 환경이 조성된 것을 다행으로 생각해야 할까?

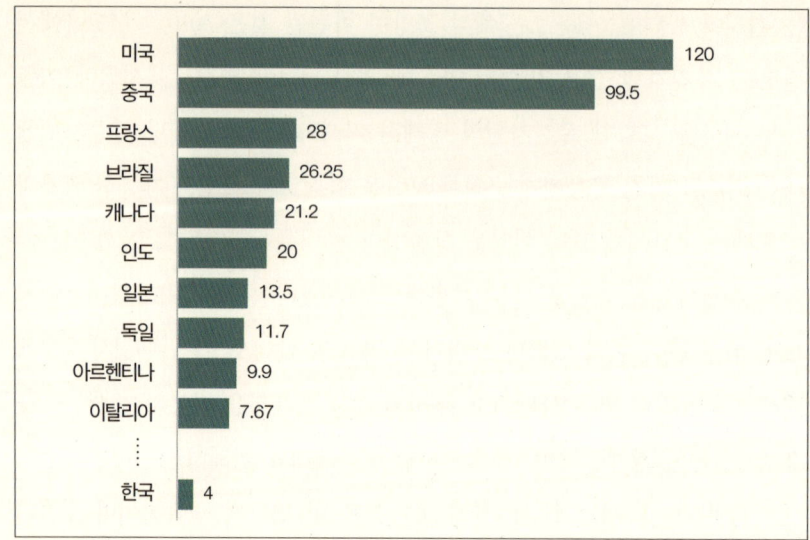

주요국 종자산업 규모 (2012년 기준 국제종자협회 참조)

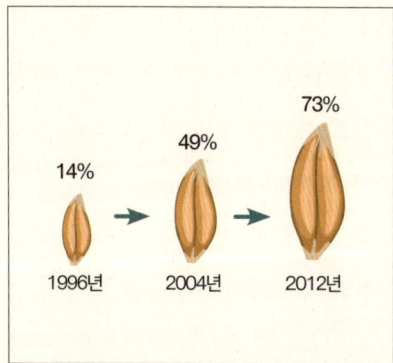

10대 종자기업 시장점유율, 2009년 기준 ETC Group (국립종자원 참조)

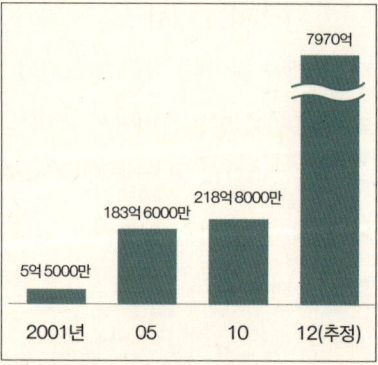

한국이 지불하는 종자 관련 로열티 (농촌진흥청, 농림축산식품부 참조)

외국의 종자를 사다 쓰면서 지불하는 로열티 문제만이 아니라, 사실 농민들이 씨앗에 대한 주권을 잃으며 종자회사에 가져다바치게 되는 비용도 크게 증가하고 있다는 것도 문제이다.

토종 작물 중에는 가뭄에 강한 것이 있을 수도 있고, 추위에 강하거나 습한 상황을 더 잘 견디는 것이 있을 수도 있다. 그런가 하면 특정 병해충에 강한 성질을 갖거나 현대인에게 필요한 영양분이나 기능성 물질을 더 많이 함유하고 있는 토종 작물이 발견될 수도 있다. 그러한 작물을 발견하면 분석과 실험, 연구개발을 통해 앞으로 심해질 기후변화에 대처할 수 있는 작물 품종을 만들거나, 수요가 높아질 특수한 기능의 신품종을 개발하는 등의 일이 가능해진다. 그러나 그 과정에서 농민은 여전히 토종 씨앗을 보전하는 주체로 인정받지 못할 확률이 높다. 토종 씨앗과 관련하여 현재까지 관련기관에서 추진하는 사업들을 지켜볼 때, 농민은 단순한 종자 제공자의 역할로만 한정되어 있기 때문이다. 국가 기관의 종자은행에서는 그렇게 수집한 종자를 가지고 유전자 분석 등을 통해 해당 작물의 특수성을 밝히고 새로운 품종을 육종하는 데 이용하거나 기술과 결과물을 민간업체에 양도하는 일에 더 집중하고 있는 상황이다. 이러한 상황은 무언가 획기적인 전환점이 있지 않은 이상 앞으로도 계속될 것 같다. 지금 이 순간에도 미처 만나지 못한 많은 토종 씨앗들이 완전히 사라져버리고 있지만 말이다.

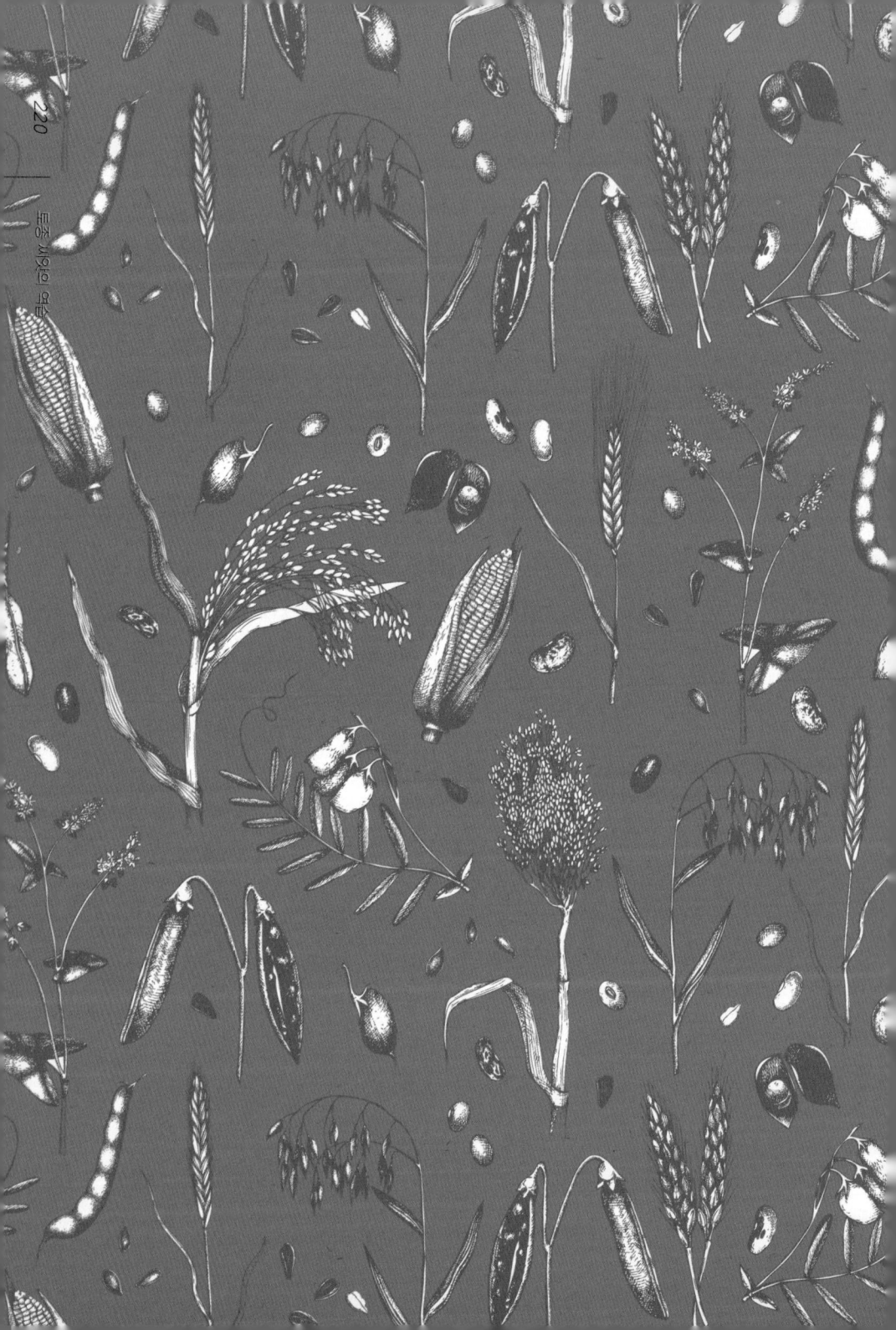

CHAPTER
4

토종, 씨앗을 지키다

아무리 드넓은 땅이 마련되어 있어도, 아무리 산더미 같은 거름이 쌓여 있어도 씨앗이 없으면 말짱 헛것이다. 농사에서 씨앗은 그만큼 알파이자 오메가라고 빗댈 수 있을 정도로 중요하다. 그래서 씨앗을 지배하는 자가 세상을 지배한다는 말까지 나왔을 것이다. 과거 그 씨앗은 농민들의 손에서 농민들의 손으로 이어지면서 재배되었다. 하지만 현 시대에는 식량작물의 씨앗은 국가에서, 채소와 화훼작물의 씨앗은 종자회사에서 장악하고 있다.

  한국에서 이러한 일이 일어난 건 그리 오래되지 않았다. 앞에서 살펴본 것처럼, 근대화와 산업화가 그 추세를 가속화했다. 그렇게 따지면 농민들은 불과 100년이란 시간 동안 씨앗에 대한 통제력을 거의 상실했다고 해도 무리가 아니다. 이는 비단 한국만의 사정은 아니다. 산업화된 국가의 농민들은 한국의 농민들과 비슷한 사정이고, 제3세계의 농민들은 우리가 지나온 과정을 되풀이하고 있다. 이에 세계 곳곳에서 농민들은 다시 씨앗에 대한 자신들의 권리를 되찾기 위해 노력하고 있다. 앞으로 씨앗의 운명은 어떻게 될까? 아니, 그 씨앗을 이용하는 농민들은 어떻게 될까? 이번 장에서는 토종 씨앗을 지키는 다양한 활동들을 둘러보고자 한다.

씨앗 지킴이를 위한 농부권

토종 씨앗의 보전과 관련하여 중요한 개념 가운데 하나는 농부권(Farmer's Right 또는 Peasant's Right)이다. 이는 농민과 그가 속한 지역의 공동체가 동식물의 유전자원을 지속적으로 보존하고 개량하며 이를 이용할 수 있도록 보장하는 권리이다. 처음 농부권이 제기되기 시작한 것은 육종가의 상업적 이익을 대변하는 권한이 강화되던 1980년대 초부터였다. 그러니까 농부권을 제기한 목적은 현대의 작물 육종의 근간이라 할 수 있는 농민이 수행해 오던 일을 인정하자는 취지였다고 할 수 있다. 이후 1986년 유엔 식량농업기구의 국제협상 무대에서 처음으로 농부권 개념이 형태를 갖추고, 이듬해 농부권 협상의 기초를 만들자는 제안이 이루어지게 된다. 1989년에는 드디어 식량농업기구 총회에서 최초로 농부권을 공식적으로 인정하고, 1991년의 총회에서는 농부권의 실현을 위한 기금을 조성하기로 결정하지만 활발하게 이루어지지는 않았다. 1992년 5월에는 생물다양성 협약과 함께 지속가능한 농업의 촉진에 관한 결의안이 채택된다. 이 결의안에서 식량농업기구는 생물다양성 협약과 식량과 농업을 위한 식물 유전자원 사이의 상호보완과 협업을 개발하기 위한 수단과 방법을 탐색하자고 촉구한다. 특히 농부권 문제를 포함한 몇몇 핵심쟁점들에 대한 해결책을 모색하고자 했다. 1996년 독일 라이프치히에서 열린 식물 유전자원에 대한 국제기술회의에서는 식량과 농업을 위한 식물 유전자원의 보존과 지속가능한 활용에 대한 세계 계획이 채택되는데, 거기에서도 농부권 문제가 다루어졌다. 2001년 식량과 농업을 위한 식물 유전자원 국제조약에서는 농부권을 보호하고 촉진하는 의무가 발생하도록 법적 구속력이 있는 식물 유전자원에 대한 국제협약이 확립되었으나, 그를 위해 적절하다고 판단되는 조치를 국가별로 자유로이 선택할 수 있도록 열어놓아 여전히 농부권에 대한 논란은 종식되지 않았다.[81]

---

[81] 2001년 유엔 식량농업기구 총회에서 채택된 식량과 농업을 위한 식물 유전자원 국제조약(The International Treaty on Plant Genetic Resources for Food and Agriculture)에는 현재 69개국이 체약 당사국으로, 72개국이 회원국으로 가입되어 있다. 한국은 2009년 회원국으로 가입했다. 참고로 미국은 서명만 하여 아무런 책임도 없는 상태이다. 이 조약의 제9조에는 다음과 같이 농부권과 관련된 내용을 다루고 있다.

9조 농부권(Farmers' Rights)

9.1 체약 당사자들은 전 세계 모든 지역과 토착 공동체, 특히 기원지와 작물다양성의 중심에 살고 있는 농민들이 세계의 식량과 농업 생산의 기반이 되는 식물 유전자원을 계속하여 보존하고 개발해온 엄청난 기여를 인정한다.

9.2 체약 당사자들은 식량과 농업을 위한 식물 유전자원과 관련된 농부권을 실현하기 위한 책임과 그것이 국가의 정부에 달려 있음에 동의한다. 자신의 필요와 우선순위에 따라, 각 체약 당사국은 적절한 국내법에 따라서 농부권을 보호하고 촉진하기 위한 조치를 다음과 같이 취해야 한다.

(a) 식량과 농업을 위한 식물 유전자원과 관련된 전통지식의 보호

(b) 식량과 농업을 위한 식물 유전자원의 활용으로 발생하는 이익을 공유하는 데 공정하게 참여할 권리

(c) 국가 차원에서 식량과 농업을 위한 식물 유전자원의 보존과 지속가능한 이용과 관련된 문제의 의사결정에 참여할 권리

9.3 이 조항에서 농민이 국내법에 따라 적절하게 농장에서 갈무리한 씨앗/증식한 물질을 저장, 사용, 교환, 판매할 수 있는 어떠한 권리도 제한하는 것으로 해석해서는 안 된다.

http://www.fao.org/plant-treaty/en/ 참조

농부권을 확립하기 위해 국제사회에서는 위와 같은 과정을 거치며 다양한 논의를 했지만, 그 실현은 요원한 상태이다. 한국도 그에 참여하여 농부권에 대해 인식은 하고 있지만 그에 알맞은 현실적이고 구체적인 조치는 현재 전무한 상황이다. 국제사회의 길고 복잡한 협상 과정에서 제기된 농부권의 실현과 관련된 조치들을 살펴보면 현재 우리에게 필요한 작업이 무엇인지 가늠해볼 수 있다.

먼저 현재 주류라 할 수 있는 지적재산권이나 특허권 등으로 보호를 받는 육종가의 권리와 균형을 잡는 문제이다. 이는 식물의 씨앗을 갈무리하여 저장하고 재사용하며 공유하고 개발하는 농민의 관행에 대한 권리를 육종가의 권리와 충돌하는 일 없이 어떻게 보증하느냐는 문제이다. 농민의 씨앗과 관련된 관행들은 수천 년에 걸치는 농경 활동을 통해 작물의 유전자원을 보존하고 혁신을 이루었던 근간으로서, 우리가 지켜내야 할 것이다. 농부권은 이를 위한 주요한 수단이다.

다음으로 농민에게 보상을 하는 문제이다. 과거·현재·미래의 농민들이 세계의 유전자원을 지키기 위해서 공동으로 크나큰 기여를 했다는 사실을 인정해야 한다. 따라서 그 권리의 보유자는 개인이나 공동체가 아닌 인류 전체가 되며, 토종 씨앗은 인류 공동의 자산인 셈이다. 이를 위해 식물 유전자원의 보다 자유로운 교환, 정보와 연구결과의 공유, 훈련 같은 조치가 제안되었다. 이익의 공유도 논의의 중요한 축이었는데 해석이 다양하여 아직 논란의 여지가 남아 있다. 일부는 쌍방의 이익공유를 제안했지만, 반대측에서는 그러한 방식은 원산지를 어떻게 찾을 것이며 그로 인한 거래비용이 너무 높을 것이라는 점을 들어 농업 자원을 교환하는 성격의 본질상 실현가능하지 않다고 주장했다.

세 번째는 식물 유전자원과 관련 지식의 보존에 관한 문제이다. 육종가의 권리와 균형을 잡는 문제는 농민이 그들의 관행적 방식을 방해받지 않도록 하는 하나의 길이다. 그러나 기존처럼 농민이 적극적으로 식물의 유전자원을 보존하고 농업의 혁신가 역할을 수행하도록 하기 위해서는 더 직접적인 조치가 필요하다. 식물의 유전자원과 관련 지식을 보존하고 혁신을 촉진하기 위한 조치가 필수적인데, 이를 위해서 보상과 이익공유가 함께 언급되곤 한다. 또한 농부권을 하나의 독립된 요소로 중요하게 간주할 것을 요구한다.

마지막으로 기금 조성의 문제이다. 국제협상에서는 농민들이 식량과 농업을 위한 식물 유전자원의 보존과 개발에 계속해서 기여할 수 있도록 농민들에게 일정 정도의 보상을 하고 그들을 지원할 수 있는 중추인 농부권을 위한 국제기금의 설립에 찬성했다. 하지만 아직 구체적인 실행은 이루어지지 않았다. 한국에서도 관련 법 조항의 제정은 물론 기금의 조성 문제도 지지부진한 상황이다. 농민 관련 단체에서 2000년대 말부터 지속적으로 농부권을 보장해야 한다고 주장만 하고 있는 현실이다.

농부권이 중요한 까닭은 작물의 유전적 다양성을 유지하기 위한 전제조건이 된다는 측면 때문이다. 토종 씨앗, 즉 유전자원은 세계의 모든 먹을거리와 농업 생산의 기본이 된다. 이러한 농부권의 실현은 농민이 농업의 태동기부터 수행해왔던 작물의 유전자원을 관리하고 개발하는 행위에 일정한 권한을 부여하고, 그들이 세계의 유전자원을 지키는 데 반드시 필요하다는 사실을 인정하고 보상한다는 것을 뜻한다. 유전적 다양성은 지금까지 살펴본 것처럼 다른 어떤 환경요소보다 농업에 훨씬 더 중요할 수 있다. 작물의 질병이나 해충, 기후변화같이 끊임없이 변화하는 환경조건에 적응할 수 있는 중요한 요소이기 때문이다. 따라서 이러한 다양성을 유지하기 위해 필요한 농부권은 일반적으로 현재와 미래의 먹을거리에 대한 안정성을 탄탄히 하는 핵심이 된다. 농부권은 농민이 농장에서 갈무리하고 증식한 씨앗을 저장, 사용, 교환, 판매하는 관행에 대한 권리로 이루어진다. 이를 통해 농민들은 세계의 유전자원을 보존해왔을 뿐만 아니라, 상업적 품종을 개발하는 데에도 일정 정도 기여를 했다. 농부권은 이러한 그들의 기여를 인정하고 보상하며 지원하기 위한 권리이자, 작물의 유전자원과 관련된 문제에 적극적으로 참여하여 의사결정권을 행사할 수 있도록 하기 위한 권리이기도 하다.

이상의 내용과 같은 농부권을 구체화하여 법적으로 제도화하는 일을 통하여 토종 씨앗의 보전을 위한 활동에 더 힘을 실어줄 수 있다. 하지만 한국은 농부권과 관련한 국제조약에는 가입한 상태이나 그에 대한 구체적 실현방안에 대해서는 아직 아무런 준비조차 마련하고 있지 않은 상황이다. 이와 관련하여 국가 차원에서 행하고 있는 사업은 주로 농촌진흥청에서 수행하고 있는데, 유전자원센터에서 여러 재래종 유전자원을 수집하여 보존하는 일 이외에 전통지식을 수집해 문서화하는 작업이 전부라고 할 수 있다. 모두 실제 보전이 일어나는 현장의 외부에서 행해지는 '현지외보존' 사업으로서, 정작 중요한 현지 안에서 보전이 되도록 하는 일에는 노력을 기울이고 있지 않다. 현재 '현지내보존'에 주력하고 있는 것은 대부분 민간단체에서 전담하고 있는 실정인데, 이를 위한 충분한 자금이나 전문인력 등의 확보에 어려움을 겪고 있는 것이 사실이다. 농부권이란 개념이 제도화된다면 이러한 어려움을 해소하는 데 어느 정도 도움이 될 테지만, 그러한 일이 언제 실현될지는 아무도 모르는 상황임은 물론이고 그와 반대의 길인 육종자의 권리만 더욱 강화해나가고 있다.

현지외보존이냐,
현지내보존이냐

토종 씨앗을 보존하는 일에는 크게 2가지 방향이 있다. 종자은행 같은 곳을 이용한 현지외보존(ex-situ conservation)이 한 축이고, 토종 씨앗이 재배되고 살아가고 있는 현장인 농장 등에서 보전하는 현지내보존(in-situ conservation)이 또 하나의 축이다. 두 방법 가운데 어느 것이 토종 씨앗을 보전하는 데 더 중요하다 아니다를 평가하기란 어려운 일로서, 그만큼 두 방법이 균형을 이루고 공존하는 것이 가장 효율적이라 할 수 있겠다.

현지외보존 같은 경우에는 만약에 있을지 모를 토종 씨앗의 소멸에 대비할 수 있다는 장점이 있다. 토종 씨앗을 재배하던 농민에게 일이 생기거나, 도저히 사람의 힘으로 막을 수 없는 천재지변 등에서 안전하게 씨앗을 지킬 수 있다는 것이다. 그러나 단점이라면, 시간의 흐름에 따라 변화하는 환경에 적극적으로 대처하기 어렵다는 점이다. 지금만 해도 기후변화의 영향으로 해마다 재배환경이 달라지고 있으며, 그에 따라 새로운 병해충이 발생하는 일도 잦아지고 있다. 그런데 현지외보존이 된, 종자은행의 저온저장고에 보관되던 씨앗을 이전과 변화된 환경에서 꺼내어 재배할 경우 지금 환경에 잘 적응하지 못할 위험이 있다. 그래서 강조되는 것이 현지내보존 방법이다. 이 방법에 의해 변화하는 환경에 지속적으로 적응하는 토종 씨앗을 보전할 수 있다. 그렇지만 여전히 단점은 존재한다. 앞서 현지외보존의 장점으로 꼽았던 요소가 현지내보존에서는 위험으로 다가올 수 있다. 그렇기 때문에 가장 좋은 방법은 두 보존 방법을 병행하여 잘 활용하는 것이다. 하지만 한국에서는 전자에 치중을 하는 반면, 후자인 현지내보존에는 그리 많은 노력을 기울이지 않고 있는 것이 현실이다. 농부권과 관련한 뜨뜻미지근한 태도가 그 단적인 예라고 할 수 있겠다. 또한 토종 유전자원과 관련해서도 그것의 보전이란 측면보다 산업적 측면에만 주목하여 다루고 있는 점도 한계라고 지적할 수 있다.[82]

이러한 상황에서 토종 씨앗의 중요성을 인식한 농민, 농업, 환경과 관련한 민간의 단체들이 현지내보존에 적극적으로 나서고 있는 상황이다. 이 활동을 활발하게 펼치고 있는 단체로는 토종종자모임 씨드림, 흙살림 토종연구소, 전국여성농민회총연합을 꼽을 수 있다. 먼저 토종종자모임 씨드림(SeeDream)은 2008년 4월 토종 씨앗의 보전에 관심이 있는 여러 단체와 개인이 결합해 결성한 온라인 모임으로서, 토종 씨앗의 수집과 그렇게 수집한 씨앗의 보존 및 증식을 통한 분양 사업을 비롯하여 토종학교의 운영과 매년 씨앗나눔 행사를 주최하는 등 다양한 활동을 벌이고 있다. 현재 온라인 카페의 회원 수가 1만3천여 명에 이르는데 그만큼 토종 씨앗에 대한 사

---

[82] 2016년 9월 현재, 한국의 농촌진흥청 국립농업과학원의 유전자원센터에는 식물의 종자 유전자원이 식량작물 264종 15만7,658가지, 원예작물 516종 2만7,718가지, 특용작물 334종 2만2,274가지, 사료 및 기타 439종 3,603가지, 합계 1,553종 21만1,253가지가 보존되어 있다. (http://www.genebank.go.kr)

람들의 관심을 반영한다 할 수 있다. 흙살림 토종연구소는 2005년 흙살림 연구소 안에 전통농업위원회를 설립하면서 시작되었는데, 연구소가 위치한 괴산군의 토종 씨앗을 조사하고 수집하면서 본격적으로 2010년 토종연구소를 준공하며 회원농가와 연계해 토종 씨앗을 보전하기 위한 사업을 추진하고 있다. 특히 토종 씨앗 가운데 상품가치를 지닌 것들을 적극적으로 발굴하여 농가의 소득과 연결시키고자 하는 데 큰 관심을 두고 있다. 마지막으로 전국여성농민회총연합에서는 국제적인 농민단체와 함께 활동하며 2007년 여성농민이 중심이 되어 지켜온 토종 씨앗의 중요성을 자각하고, 이후 전국에 분포한 조직을 통해 해당 지역의 토종 씨앗을 찾고 지키는 것을 넘어 우리의 밥상에 이들의 자리를 되찾는 데 열성을 다하고 있다. 특히 언니네텃밭이라는 농산물 꾸러미 사업의 한 부분으로 토종 씨앗으로 농사지은 농산물을 소개하고 판매하는 활동이 꽤 큰 성과를 올리며 2012년 국제적으로 그 노고를 인정받아 세계 식량주권상을 수상하기까지 했다. 세계 식량주권상을 수상한 뒤 발표한 전국여성농민회의 소감문은 함께 읽어볼 만한 가치가 있다고 생각하여 아래와 같이 전문을 소개한다.

안녕하십니까? 저는 전국여성농민회총연합 회장 박점옥입니다. 전여농의 모든 회원들은 오늘 이 자리에서 식량주권상을 수상하는 것에 대해 매우 영광스럽게 생각합니다. 감사드립니다.
저는 지난 2011년 1월 전여농 회원들이 모인 자리에서 회장으로 선출되어 활동하고 있습니다. 저는 한반도의 남쪽 지역에서 양파와 마늘, 쌀농사를 짓고 있습니다. 제가 살고 있는 지역에서는 10가지 종류의 토종 벼를 작년부터 보존하는 활동도 함께 하고 있습니다.
우리 전여농은 1989년 창립하여 올해로 23주년을 맞이하고 있습니다. 전여농은 여성농민들이 스스로 조직을 건설하여 여성농민의 단결된 힘을 모아내고자 창립되었습니다. 우리는 여성농민의 정치, 경제, 사회적 지위 향상과 인간다운 삶을 지향합니다. 또한 농업농촌의 발전을 위하여 장기적으로는 민중을 위한 사회의 변화를 이루고자 합니다.

전여농은 비아 캄페시나(Via Compesina)를 만나고 식량주권에 대해 더 많이 알게 되었습니다. 그래서 지금 우리는 식량주권 운동을 다양한 형태로 벌이고 있습니다. 마을을 기반으로 한 여성농민들의 생산자 공동체를 구성하여 여성농민의 권리 보장과 지속가능한 농업을 실현해나가고 있습니다. 또한 토종씨앗 지키기 활동을 통해 종자에 대한 권리를 농민의 손으로 되찾고 있습니다.

우리의 활동은 단지 한국 정부의 신자유주의적 농업정책을 바꾸는 것만을 의미하지 않습니다. 우리의 활동은 식량을 상품화시키고 기후위기와 식량위기를 발생시키는 글로벌 식량 체계를 변화시키고자 하는 것입니다. 우리는 식량주권 운동을 벌이는 과정에서 다양한 시민사회단체와 많은 소비자들과 연대하고 있습니다. 우리는 한국 내의 환경운동, 여성운동, 민중운동을 벌이는 단체들과 연대하고 있습니다.

우리는 식량주권 운동을 통하여 여성농민의 중요한 역할을 인식하게 되었습니다. 우리가 무엇을 생산할 것인지 결정하고, 안전한 식량을 생산하기 위해 생산 방식을 바꾸고 있습니다. 여성농민 혼자서는 힘들기에 우리는 힘을 하나로 모아내고자 공동체를 구성했습니다.

식량주권 운동을 통해 우리는 민주주의를 배웁니다. 우리가 할 수 있는 역량 그 이상을 해내고자 노력하고 있습니다. 우리 여성농민이 해낼 수 있는 그 이상의 힘이 있음을 우리는 알게 되었습니다. 식량주권상을 수상하게 된 전여농은 한국 내에서만이 아니라 전 세계적으로 우리 여성농민의 존재를 세상에 드러냄과 동시에 식량이 지닌 소중한 가치를 확산시키는 것이라고 생각합니다.

전여농은 식량주권 운동을 통하여 여성농민으로 존재했지만 드러나지 않았던 여성농민을 세상에 모습을 드러냈습니다. 또한 여성농민이 인류의 먹을거리인 식량을 생산하는 데 있어 얼마나 중요한 역할을 해내고 있는지 알려내기 시작했습니다. 지금 우리의 활동은 시작에 불과합니다. 앞으로 우리의 활동은 더욱 더 빛을 발하게 될 것입니다.

저는 지금 이 순간에도 세계 곳곳에서 땀을 흘려가며 인류가 생존할 수 있는 젖줄인 식량을 생산하는 여성농민들과 함께 이 상을 나누고자 합니다. 이 상의 주인공은 단지 한국의 전여농이 아니라 전 세계 모든 여성농민이라고 생각합니다. 우리 여성농민들은 새로운 사회를 만드는 변화의 씨앗이 될 수 있다고 믿습니다. 앞으로도 식량주권을 전 세계로 확산시키고 우리 모두의 가치가 될 수 있도록 활동해나갈 것입니다.

다시 한번 이 자리에 함께하지 못했지만 전여농의 모든 회원들과 한국을 비롯한 세계의 모든 여성농민들과 함께 수상의 기쁨을 나누고자 합니다. 감사합니다.

이외에도 하나하나 소개할 만한 개인과 단체들이 수없이 많으나 여기에서는 모두 언급하지 않고 이 정도로 넘어가도록 하겠다. 토종 씨앗에 조금만 관심을 기울이면 대개 쉽게 찾아낼 수 있으리라 생각하기 때문이다. 특히 지방자치단체들의 관련 움직임도 주목할 만하다. 최근 몇 년 사이 지방단치단체들에서 약속이라도 한 것처럼 '토종 종자 조례'를 제정하는 일이 유행처럼 번지고 있다. 2008년 전국 최초로 경남에서 제정된 것을 시작으로 2012년에는 제주, 이후 전남과 강원, 전북, 경기에서 토종 종자와 관련된 지방자치단체의 조례가 제정되었다. 또한 관의 이러한 움직임과 별도로 민간에서는 씨앗도서관을 설립하는 활동이 생기고 있다. 2015년 홍성의 씨앗도서관을 처음으로, 안양과 광명, 수원, 포항 등지에서 씨앗도서관이 만들어지거나 만들고자 하는 뜻이 모이고 있다. 씨앗도서관은 책을 빌려주고 반납하는 도서관처럼 운영이 되는데, 대출과 반납하는 품목이 토종 씨앗인 것이다. 씨앗도서관에 보관되어 있는 씨앗을 대출한 뒤 수확한 씨앗을 다시 도서관에 반납하는 형태로 운영되는 것이다. 이러한 도서관들은 특히 도시를 중심으로 퍼지고 있다는 것이 특징이라고 할 수 있다.

 이번 장을 마치면서 하나 짚고 넘어가고 싶은 것은, 토종 씨앗을 보전하기 위한 일은 누구 한 사람의 공이 지대한 것이 아니라 묵묵히 자신의 생업에 종사하며 씨앗을 지키고 물려준 이 땅의 수많은 농민들이 있었기에 가능했다는 사실이다. 토종 씨앗은 하늘 아래 새로운 것이 없고, 한 사람의 노력으로 만들어지는 것도 아니다. 농민과 함께 살아오면서 생명을 영위하던 토종 씨앗은 최근 급격히 사라지며 우리의 눈에서 잘 보이지 않게 되었을 뿐이다. 이를 조사 등을 통해 새삼 다시 찾게 된 것뿐이다. 지금까지도 그랬고, 앞으로도 그를 지키고 이어나갈 주체는 바로 농민과 농(農)의 가치를 인정하는 사람들일 것이다. 그들과 함께 토종 씨앗이 앞으로도 오랫동안 우리와 함께 살아갈 수 있기를 바란다.

마치며 **토종 씨앗에서 시작하는 생태적인 사회를 꿈꾸며**

"농업은 그 시대의 사회상을 반영한다."

이 문장이 책을 집필하면서 내 머릿속에서 떠올랐다. 토종 씨앗의 역사를 훑어보면서 그것이 사실임을 확인했다. 그래서 농업은 땅과 연계된 인간의 문화(Agro-Culture) 양식 가운데 하나이다.

다들 잘 알다시피, 근대 산업사회를 지나며 토종 씨앗은 인간에게서 버림을 받았다. 왜인가? 그 시대의 요구를 충분히 반영하지 못했기 때문이다. 근대 산업사회에서 인간이 농업과 씨앗에 요구하는 바는 명확했다. 최소의 투입으로 최대의 수확을 올릴 수 있어야 할 것. 그것이 지상과제였고, 그러한 시대정신에 따라 새로운 하이브리드 개량종들이 세계에 등장하게 되었다. 그렇게 하여 하이브리드 종자들은 폭발적으로 증가하는 세계 인구의 성장을 뒷받침할 수 있었고, 더 많은 사람들이 농업에서 손을 놓고 땅을 떠나 도시의 콘크리트 위에서 생활할 수 있도록 만들었다. 그 뒤를 이어서 요즘은 씨앗의 유전자를 '변형'하고 '편집'하는 기술까지 활용되고 있다.

하지만 새로운 시대의 문이 조금씩 열리고 있다. 이제 사람들은 더 이상 양에 집착하지 않는다. 과거와 같은 절대적인 배고픔은 어느 정도 해소되었고 상대적 빈곤이 더 큰 사회문제로 지적되고 있다. 쌀을 예로 들면, 커다란 밥그릇에 꾹꾹 눌러 담아 수북하게 쌓인 흰쌀밥을 원하던 시대는 끝났다. 이제는 쌀 생산량이 너무 많아서 문제라고 시끄러운 시절이다. 사람들은 집에서 1년에 쌀 한 가마도 다 먹지 못한다. 어떻게든 생산량을 늘리기 위해서 애를 써야 하는 시대는 끝났고, 이제는 사람들의 다양한 수요와 입맛에 맞출 수 있는 더욱 다양한 품종의 고품질 쌀이 필요하다. 그것이 지금 시대의 요구이고, 토종 씨앗이 그에 부응할 수 있는 가능성을 지니고 있다. 누군가는 배부른 헛소리라고 치부할지도 모른다. 인정한다. 여전히 제3세계의 개발도상국에서는 배고픔과 빈곤의 해소가 지상과제로 남아 있긴 하다. 하지만 그들이 여느 산업화된 나라들과 똑같은 길을 갈지, 아니면 새로운 제3의 길을 선택할지는 아직 알 수 없다. 동남아시아와 라틴아메리카 그리고 아프리카 대륙에서 일어나고 있는 대안적인 농민운동에서는 토종 씨앗과 농·생태학을 자신들의 도구로 선택해 땅을 일구고 씨앗을 심는 일들이 활발하게 일어나고 있기 때문이다.

저 멀리에서 일어나는 일들에 대한 관심과 지지를 잃지 말고 다시 한국으로 돌아와보자. 우리의 농업 생산은 아직도 근대 산업사회의 방식에 매몰되어 있는 모습이다. 여전히 수확량이 중시되어, 어느 정도 양이 확보되지 못하면 주류 농산물 유통시장에 발도 들여놓을 수 없는 현실이다. 그나마 농산물 직거래와 펀드, 꾸러미 사업, 로컬푸드 등과 같은 대안 먹을거리 운동이 활발해지면서 새로운 유통경로를 확보할 수 있게 되었다. 그렇지만 그걸로 모든 문제가 해결될 수 있는 건 아니다. 여전히 한국인의 대다수는 OECD 국가 중 가장 긴 노동시간에 시달리고 있으며, 기업에게 특히 유리하도록 비정규직이 양산되며 저임금으로 허덕이며 살아가고 있다. 부동산으로 부를 축적할 수 있었던 기성세대들은 청년층이 성장할 기반을 앗아가 나라 전체가 저출산 고령사회의 위기에 직면해 있다. 이런 상황에서 일반 관행농의 농산물보다 가격이 좀 더 비싸다고 느껴질 다품종 고품질의 농산물, 토종 농산물이 선택을 받기는 어려울 것이다. 그래서 이 땅에 살고 있는 수많은 이들의 생활수준이 향상되지 않는 한 현재의 농업 생산 및 유통방식은 크게 변화하지 못할 것이다. 당연히 이러한 현실은 토종 씨앗에게도 좋지 않은 영향을 미칠 것이다.

　　물론 우리도 다른 길을 선택할 수 있다. 제3세계의 농민들이 추진하고 있는 토종 씨앗 보전과 농생태학 운동에 함께 동참할 수 있다. 누가 알아주지도 않고 돈이 되지도 않는 일이지만 논밭에서 토종 씨앗을 재배하는 농민들이 있고, 스스로 자비를 털어가면서 토종 씨앗을 찾고 보전한 성경의 노아 같은 사람들이 존재한다. 그런 사람들의 노력을 바탕으로 오늘날 한국에서도 새로운 싹이 여기저기에서 돋아나고 있다. 이 새싹들이 더 자라기 전에 뿌리째 뽑힐지, 아니면 앞으로도 무럭무럭 자라 큰 나무가 되어 숲을 이룰지, 그저 아스팔트 위에 홀로 외로이 서 있는 보호수 한 그루로 남을지는 아무도 알 수 없다. 그것은 예측하거나 전망할 일이 아니라, 현재를 살아가고 있는 우리가 어떤 태도로 어떻게 가꾸어가느냐에 따라 달라질 것이기 때문이다.

　　방법은 간단하다. 농업 생산과 관련된 사람들은 토종 씨앗으로 생태적인 농업을 실천하고, 소비자는 그렇게 생산된 농산물을 기꺼이 제값을 주고 사 먹을 수 있는 사회를 만들면 된다. 하지만 현실은 그리 녹록치 않다는 걸 인정한다. 그렇다고 꿈도 꾸지 못하리란 법은 없다. 과거 체 게바라가 "우리 모두 현실주의자가 되자. 그러나 가슴속에는 불가능한 꿈을 지니자"라고 이야기했듯이 말이다. 아무도 꿈과 소망마저 빼앗아 갈 수는 없다.

    2017년 4월 곡우 무렵, 이 책을 내는 데 도움을 주신 권태옥, 송성희, 송태엽, 안완식, 안현중, 윤성희, 이근이 님을 비롯한 얼굴도 알지 못하는 분들께, 그리고 경력단절남 생활을 하고 있는 나를 찾아와 아이디어를 주신 박성규 님에게도 지면을 빌려 감사의 말을 전합니다. 그리고 마지막으로 최옥금, 김효린 님에게 사랑을 전하며 마칩니다.